トレハロースを用いた文化財保存の研究と実践

糖類含浸処理法開発の経緯と展望

伊藤 幸司 著

三恵社

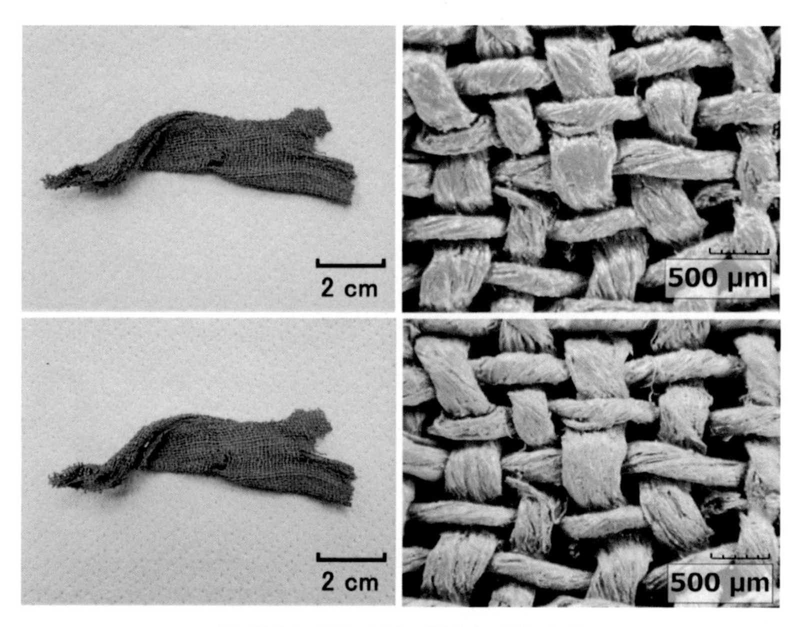

① 保存処理前（上）・保存処理後（下）

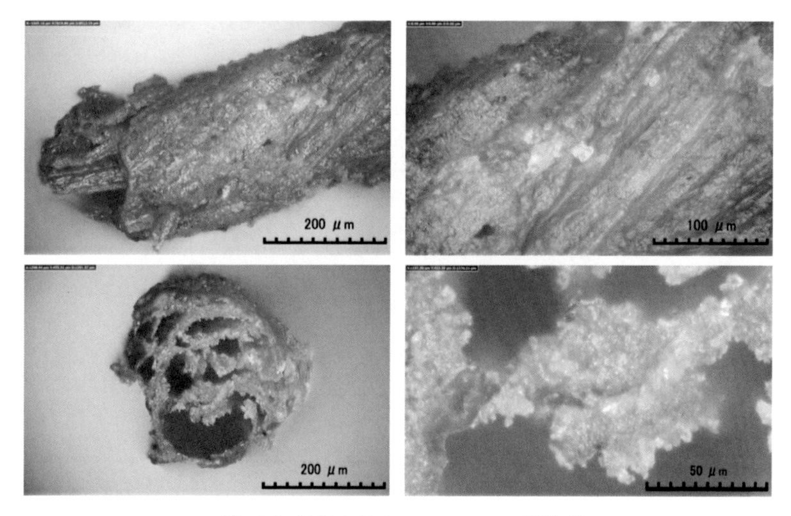

② 糸に付着するトレハロースの固化物

1　大坂城跡出土“赤い布”（豊臣時代、大阪市文化財協会保管）の保存処理と観察

① 保存処理前

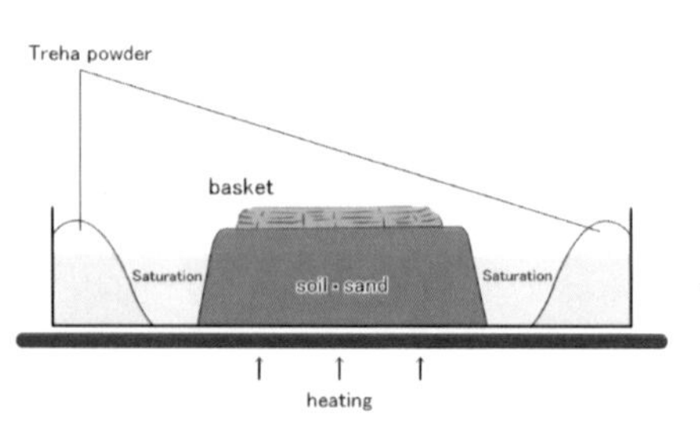

④ 含浸処理工程 概略図

② 含浸処理

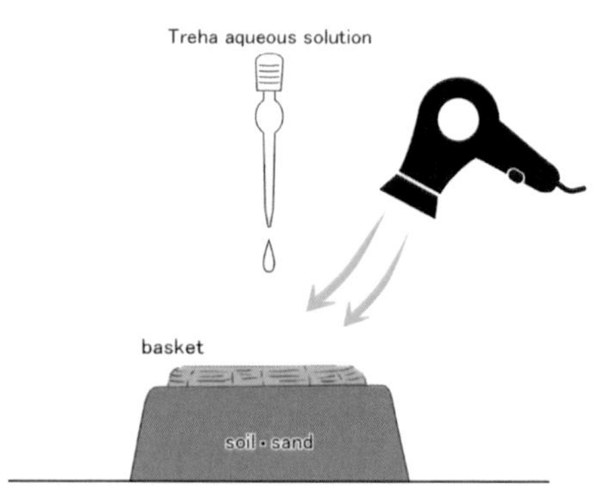

⑤ 含浸濃縮、固化工程 概略図

③ 保存処理後

2 小竹貝塚出土編籠（縄文晩期、富山県埋蔵文化財センター所蔵）の保存処理工程

はじめに

大阪市文化財協会で初めての保存科学担当者として勤務し始めた1988年頃、私の仕事は「自分の仕事をつくること」だった。当時は大坂城に関連する調査が緒に就き、近世期の金属製品・木製品が大量に出土し莫大な“負債”を抱え始めた時期であった。そこで、まず自らに課した仕事は保存処理対象遺物を把握、管理するためのデータベースの作成だった。次の段階ではそれを用いて保存処理を・・・、と言いたいところだが、必要な設備･備品は全く無く、手も足も出せない状態だった。全国的にみても高水準だった近畿圏にあって、抜きん出て遅れていた当協会の保存科学事情は決して明るいものではなく、同僚からは「絵に描いた餅は喰えん」と揶揄されていた。

以来 30 年の年月が流れて様々な変化はあったが、変わることなく意識し続けてきたことがある。

「（保存）科学は理論と実際の両輪で推し進めなければならない」

その両輪の受け止め方は人によって、また時期によって異なるであろうが、私が抱いてきたイメージは「科学的な考察・推測」と「実務とそこに現われる現象の蓄積」で、その両輪をつなぐのは**「実効性」**という車軸である。両輪のバランスは多くの人がどちらかに偏っており、私は「実際の車輪」を回すことで実効性を高めようとしてきた。

トレハロース含浸処理法の研究を進める中で「両輪」の回転を強く意識するようになったが、「理論の車輪」を同等に回そうとすることは自分が成せることの限界をより鮮明にすることでもあった。

両輪をバランスよく回してトレハロースの特性を引き出し有効に機能させるためには、多くの人を巻き込まなければならない。ならば、自分が知り得た事実をできる限り多くの方に伝えなければならない、と考え本書をまとめた次第である。

果たして私が描いた餅は上手に搗けているだろうか。甘く仕上っていれば良いのだが。

例　言

1. 糖類を含浸する保存処理方法に関わる発表を重ねるたびに語句の意味・意図の適否を検討してきた。以下に主なものを挙げ、本書での用法を示す。

1）溶液中の固形分量を表すためにBrix計（糖度計、屈折率計）で測定した数値を用いた。Brix 計での読み取り値は、測定対象溶液の屈折率を蔗糖水溶液の屈折率に当てはめ、濃度（%）に換算したものである。単位は、無名数（単位をつけない）もしくは「%」や「°」、「° Bx」などが用いられている。文化財保存処理の作業に際しては「%」で呼称することがほとんどだが、本稿では他の方法での濃度計測値と区別するため「%Bx」と表記した。

2）保存処理において使用しているトレハロースは一般に販売されている「トレハ」（株式会社林原製）である。本稿に関わる実験、保存処理などにおいて使用したものは全てトレハである。

3）トレハはトレハロースの二水和物（結晶状態）で結晶水を含んでいる。また、少量ではあるが不純物（概ねグルコース）を含んでいる。よって、厳密にはトレハロースとトレハは区別しなければならない。

4）本書では、「事例や実験で使用した“材料”としての記述」、「不純物を含んだ性状やその解釈に関わる記述」のみをトレハとし、それ以外についてはトレハロースとした。双方が混在して記述されている箇所があるが御容赦いただきたい。

5）ラクチトールを主剤とする保存処理方法を「糖アルコール含浸処理法」と呼んできた。しかし、「高級アルコール法」と混同されることが多々あり、また、トレハロースを糖アルコール含浸処理法の含浸主剤と誤解されることも多い。このような誤解を招かないように本書では「ラクチトール含浸処理法」と記述した。

6）ラクチトール含浸処理法において用いたのは全て「ミルヘン」

（東和化成工業株式会社製）であるが、実験に関わる材料名を述べる場合のみミルヘンとし、それ以外はラクチトールと記述した。
7）固化したトレハロースは「結晶（crystal）」と「非結晶（non-crystal）」の2つに大別される。「非結晶」は“結晶していない状態”を指しているため、「非晶質（amorphous）」だけでなく「水溶液（aqueous solution）」、「溶液（solution）」の状態も含む。また、非晶質にはガラス（glass）とラバー（rubber）という2つの状態がある。本稿では、トレハロースの状態を指す用語として「結晶」・「非晶質（もしくはアモルファス）」・「ガラス」・「ラバー」・「水溶液」を用いた。
8）トレハロースの状態に関わる「固形分」と「固化物」を次のように区別した。

固形分・・・水溶液に含まれているトレハロース成分

固化物・・・水溶液から生じたトレハロースの固形物、析出物

9）トレハロースの結晶と非晶質、ガラスとラバーなど状態の判別は外観の観察によるものである。
10）トレハロースの「二水和物」は結晶状態を指している。しかし、水和（液体）状態との区別を明瞭にするため従前から「二水和物結晶」という用語を用いてきた。本書でもこれを踏襲する。同様に、二水和物が水を失った状態は「無水物」であるが、「無水物結晶」と記述した。また、「二含水結晶」については「二水和物結晶」と同義とし、「二水和物結晶」に統一した。

2. 本書は下記の研究助成による成果を含んでいる。
・平成24年度 福武学術文化振興財団研究助成「出土水浸木製文化財へのトレハロース含浸処理法の実用化と普及」
・平成24～26年度 科学研究費助成事業基盤研究（C） 研究課題番号24501262 「トレハロース含浸処理法の開発と実用化－より環境にやさしく経済的な方法へ－」
・平成27～29年度 科学研究費助成事業基盤研究（B） 研究課題番号15H02952「トレハロース法による海底遺跡出土文化財の保存処理

研究－自然エネルギー利用に向けて－」
・平成30～令和2年度 科学研究費助成事業基盤研究（B） 研究課題番号 18H00759 「元寇沈船保存処理の研究－トレハロース含浸処理の実施と錆化抑止効果の究明－」

3. 本書は学位（論文博士）取得のため奈良大学大学院に提出した『トレハロース含浸処理による文化財保存の研究と実践－糖類含浸処理法開発の経緯と展望－』に加筆・修正、再編集したものである。

4. 事例や実験に関わる作業等は、特に断りがない限り一般財団法人大阪市文化財協会で行ない、撮影したものである。

目　次

第1章　序　論

1-1 出土水浸有機遺物の性状

発掘調査を行なうと先人が製作し使用した様々な器物が見つかる。食物を煮炊きした土器や屋根を葺いた瓦などの土製品、武器や武具などの金属製品。そのようなものと共に農具や食器、大きなものでは建築材や船など、木製の遺物が発見される。通常ならば埋蔵中に朽ち果ててしまう木材などの有機物が現在まで残っているのは、地中や海底で飽水状態や酸素欠乏状態など特殊な環境におかれ、有機物を分解する要因となる腐朽菌やバクテリアなどの微生物の活動が停止されているからに他ならない。また、埋蔵中の高水分環境は水没しているのと同様の環境となり、木材の場合、その細胞壁は微生物によって破壊されているために周囲の水分を過剰なまでに含んだ状態となっている。このような状態で発見される木材を「水浸出土木材（ Waterlogged Wood、以下「出土木材」)」、加工し用いられていた器物を「水浸出土木製品（Waterlogged Wood Object、以下「出土木製品」)」と呼んでいる。出土木材は細胞を破壊されてはいるものの、水分を十分に含んでいるが為に変形が抑えられて遺存してきた。しかし出土後、含有する水分の不用意な蒸発によって出土木材は変形･収縮し､場合によっては原形をとどめないまでに損なわれてしまう。出土木製品も同様である。

わが国で出土する木製品のほとんどはこのような水浸状態で見つかるが、海外に目を向けると地域や国によって、気候風土によって、その様相は異なる。

例えば、日本で「半乾燥状態の出土木製品」といえば、出土後の水漬け管理を怠ったがために出土木製品にトラブルが生じたことを意味することが殆どである。しかし、アジア大陸の最内陸部に位置するモンゴルでは、墳墓に副葬された木製品は発見された時点で半乾燥状態

モンゴルにおける技術移転の活動

になっている[1,2]。これは乾燥気候のために水浸しとはならず、しかし地中の高湿度環境におかれていたがために少量の水分を含み、乾燥による破壊を免れて遺存したものと推測される。同じように見える半乾燥木製品であっても、半乾燥状態に至るプロセスが異なれば適正な対処方法（保存処理方法）も異なる可能性がある。

他方、木製以外の出土有機遺物には繊維製品、革製品などがある。我が国では繊維製品・革製品の出土例は木製品に比べて格段に少ないが、国や地域によって状況は異なる。彼のモンゴルにおいては衣服などの布製品や革製品、フェルト製品が非常に良い遺存状態で多数発見され、保存処理を待っている。そして更に他の地域、他の国に目を向ければ、想定しなければならない事象が多岐に渡ることは想像に難くなく、広範な材質・条件に対処できる安全で安定的な保存処理方法の研究･開発が急務となっている。

1-2 我が国における出土有機遺物の保存処理の歴史

発掘調査で発見される有機遺物、中でもその多くの割合を占める木製品の保存処理方法として長きに渡って研究され、実施され、全世界で最も大きな成果を上げてきたのがポリエチレングリコール含浸処理法（以下、「PEG 法」）であることは揺るぎない事実である。我が国においても同様で、出土木製品保存の根幹をなしてきたのが PEG 法である事は言うまでもなく、先達によって数多くの研究がなされ、多様な条件（器形・樹種・腐朽度・処理後の保管環境、等）に適応させるべく様々な試みが成されてきた。そのような多くの努力の結果、保存処理実施者は「有効性」と「限界」について一定の共通認識を持つことができ、PEG 法が最も信頼できる保存処理方法となっているのである。

保存処理実施者にとって、選択する保存処理方法の「有効性」を知ることは必要であるが、それよりも重要なことは「限界」についての認識であると思う。PEG 法がオールマイティーに適応できるわけではないことを皆が理解している。よって、自らの技量も含め、よい結果が得られないと思われる木製品については PEG 法による保存処理の対象から外せばよい。しかし、無策なまま保存処理を施すことなく長期に渡って水漬けを続ければ、いずれは水に漬かったまま朽ちてしまうことは明らかである。

筆者が保存科学に関わってきた 30 数年を振り返ってみると、新たに提案された出土木製品の保存処理方法のほとんどは PEG 法の限界を改善する事を目的に研究･開発されたものである[3]。しかし、ある部分で優れた方法であったとしても、PEG を用いるならば限界から完全には脱することはできない。また、PEG 以外を用いる方法の多くは設備や方法の特殊性から制約を受け、広範囲に渡る実資料に対して継続的に実施されている方法は少ない。

1992 年頃、糖類を含浸する保存処理方法の研究が今津節生氏[4]によって緒につき、1994 年からは筆者が加わった。

今津氏は糖アルコールの一種であるラクチトールに注目しており、他の糖との結晶性や吸湿性の比較試験を橿原と大阪の双方で幾度も繰り返した事を今でも鮮明に思い出す。

1 年程の研究を経て糖アルコール含浸処理法（以下､「ラクチトール法」）の実用化に至り、以後、多くの研究者の参加を得て研究、実資料への実施を積み重ねた。しかし、2008 年、ラクチトールの安定的な供給が危ぶまれる状況となったため、方法的にはラクチトール法を継承し、主剤の転換を検討した。その際に第一の候補に挙がったのがトレハロースである。ラクチトールから移行を図る研究の過程でトレハロースの優れた性状が明らかになり、保存処理の対象が広がり、精度が飛躍的に向上した[5]。

トレハロース含浸処理法（以下、「トレハロース法」）は、含浸したトレハロース水溶液を温度・濃度のコントロールによって過飽和状態にして結晶を生成、固めることを基本としているが、作業手法の自由度が高く、従来の方法とは全く異なる観点から柔軟に発想を展開することによって、より広範な条件の資料への対応が可能となった。

本書ではトレハロース法の高い有効性を明確にするために、まず、先行するラクチトール法研究の概要を述べる。続いて、トレハロースの結晶化によって対象資料を強化する基本的な方法から、低濃度含浸の可能性、更には非晶質の利用、太陽熱集熱含浸処理システムによる自然エネルギーの活用、廃液の再生利用、滴下による含浸、そして最新の木鉄複合材資料への適応など、トレハロースの特性を活かした研究を紹介する。

---

1 藤田浩明・伊藤幸司・メンドバザル オユントルガ 2018 「モンゴルで出土する有機遺物の保存に向けた研究（その１）ートレハロース含浸処理法適応のための試みー」日本文化財科学会第35回大会研究発表要旨集 pp.296-297

2 伊藤幸司・藤田浩明・片多雅樹・小林啓・稗田優生・メンドバザル オユントルガ・今津節生 2018 「モンゴルで出土する有機遺物の保存に向けた研究(その２）ー出土直後の保全方法とトレハロース含浸処理法の実施ー日本文化財科学会第35回大会研究発表要旨集 pp.298-299

3 伊藤幸司 2016 「保存処理の動向と展望　木質遺物」考古学と自然科学第71号 pp.31-51

4 奈良大学教授。当時、奈良県立橿原考古学研究所、後に九州国立博物館を経て現職。

5 伊藤幸司・藤田浩明・今津節生 2010 「糖アルコール含浸法からの新たな展開ートレハロースを主剤とする出土木材保存法へー」日本文化財科学会第27回大会研究発表要旨集 pp.280-281

第2章　ラクチトール法

2-1 開発に至る経緯

2-1-1 PEG法からラクチトール法へ

出土木製品の保存処理はほとんどの場合、含まれている水を空気中で安定する物質(以下、「薬剤[1]」)に置き換えるための含浸処理を行なった後、含浸した薬剤を固化することによって形状を安定化し、強度を向上させる。置き換える薬剤は水溶性のものと非水溶性のものとがあり、それぞれに含浸処理方法、固化の方法が異なる。水溶性薬剤の場合、“対象資料に含まれている水”と“薬剤を溶かした水溶液”とを直接置換できる。しかし、非水溶性薬剤を用いる場合は直接置換することが出来ないため、出土木製品の中の水分を有機溶剤に置き換えるなど、溶媒への置換工程を1段階もしくは2段階経てから薬剤を含浸させなければならない。また、有機溶剤の使用は危険が伴うため、事故を防止するための専用設備や管理体制も必要となる。

出土木製品の保存処理方法として世界的に最も普及し成果を上げてきたのはPEG法である。我が国では1972年頃、 PEG含浸処理に特化した装置が初めて製作されて本格的な保存処理が行なわれた[2]。以来、今日に至るまでPEG法は最も研究され、実績を蓄積してきた。

用いるPEGは＃4000（分子量3400程度[3]）で、常温で固体、55 ℃程に加熱すると溶解して水に溶ける。このようなPEGの性質を利用し、対象とする出土木製品を加熱保温水槽（以下、「含浸槽」）中で温水に浸漬してそこへPEGを溶解し、低濃度から長い時間をかけて徐々に濃度を上げ、最終的にPEG 100 %溶液にする。こうすることによって出土木製品に含まれている水分を完全にPEGに置換する。この後、出土木製品を含浸槽から取り出すことで温度を下げ、出土木製品中のPEGを固化することで失われた強度を回復し安定した状態を保つのである。このように安全でシンプルな方法であることによりPEG法は広く受け入れられてきた。
しかし、問題がないわけではない。

① 含浸処理に長い時間（期間）を要する。
② 対象木製品の樹種や劣化の程度によっては含浸処理中に変形を生じることがある。
③ 置換の進行を見誤って早く濃度を上げると含浸処理中に対象木製品が変形することがある。
④ 保存処理後の木製品を高温高湿の環境に置くと PEG が軟化して溶出することがある。
⑤ 保存処理後の木製品を不適切な空気質環境に置くと PEG が酸化・分解して溶出することがある。

①～③は含浸処理中の問題で PEG の分子量に起因するところが大きい。④と⑤は保存処理後の保管中に生じるトラブルである。⑤は劣化が進んだ PEG 溶液を使用することでも生じる現象ではあるが、大きな問題となっているのは木鉄複合材資料に生じる PEG 含浸処理後の劣化である。特に海底遺跡から出土した木鉄複合材資料の保存処理後の劣化は著しい。このため海底遺跡出土木鉄複合材資料は PEG 法が適用できない対象物として世界的に認識されている。

このように PEG 法は最も実績があり信頼性は高いが、反面、その方法や手法、保存処理後木製品の管理環境は PEG が持つ性状に強く制約を受けていると言わざるを得ない。

1988 年、筆者が勤務する大阪市文化財協会では水漬け状態の出土木製品を 2000 箱ほど管理していた。この出土木製品を 2 トン（2000×1000×1000 mm）の含浸槽 1 台を用いて PEG 法で保存処理すると、全てを終えるまでに 50 年を要するという試算が出た。加えて、日々の発掘調査で新たに出土する木製品の量を勘案すると、PEG 法で劇的に“負債”が減る事は望むべくもなかった。つまり前述の①が最大の問題であり、これを根本的に打開するために新たな保存処理方法を求めた。当時、PEG の短所を改善すべく幾つかの方法が研究・発表されていたが、多くは PEG を使用するものであったため、その性状による制約からは完全には解放されず、飛躍的な改善には至っていなかった。また、PEG を使用しない方法も存在したが、有機溶剤を使用する方法や、限られた条件の出土木製品にしか適用できない方法など、汎用性に欠けるものがほとんどであったため採用せず、全く新たな方法を模索していた。

2-1-2 糖類含浸法へ

1994 年頃、今津節生氏が糖類を含浸して結晶させる方法を研究していることを知った。これは、食品に用いられている糖類を使用するという安全性の高さに加え、PEG 法と同様にシンプルな含浸手法であること、PEG に比べて分子量が小さく浸み込み易いので含浸処理期間を大幅に短縮できる等の利点があった。そして何よりも、研究の進展によっては非常に高い汎用性が得られる可能性を感じたことから、糖類を含浸する方法が有効であると判断して開発に参画、実用化に向けた研究に着手した。

今津氏が主剤の候補としていたのはラクチトールであった。ラクチトールは自然界に存在しない人工的に生み出された糖アルコールの一種である。今津氏はこれを出土木製品に含浸して結晶化・乾燥する方法の研究を進めていた。私が研究に参画した頃、今津氏は他の糖との比較実験を繰り返しつつ[4]、建築部材などの大型出土木製品への含浸処理を行なって実績を上げていた。当方でも同様の実験を行なうとともに、大坂城関連遺跡から大量に出土していた下駄や木簡などの小型木製品に対応するための保存処理手法を検討し始めた。

2-2 ラクチトール法の開発

2-2-1 ラクチトールの結晶性

ラクチトールはその水溶液の温度・濃度条件により無水物・一水和物・二水和物・三水和物の 4 種類の結晶を生成する[5] (Figure 1[6])。

安定しているのは一水和物結晶・二水和物結晶で、含浸処理後の出

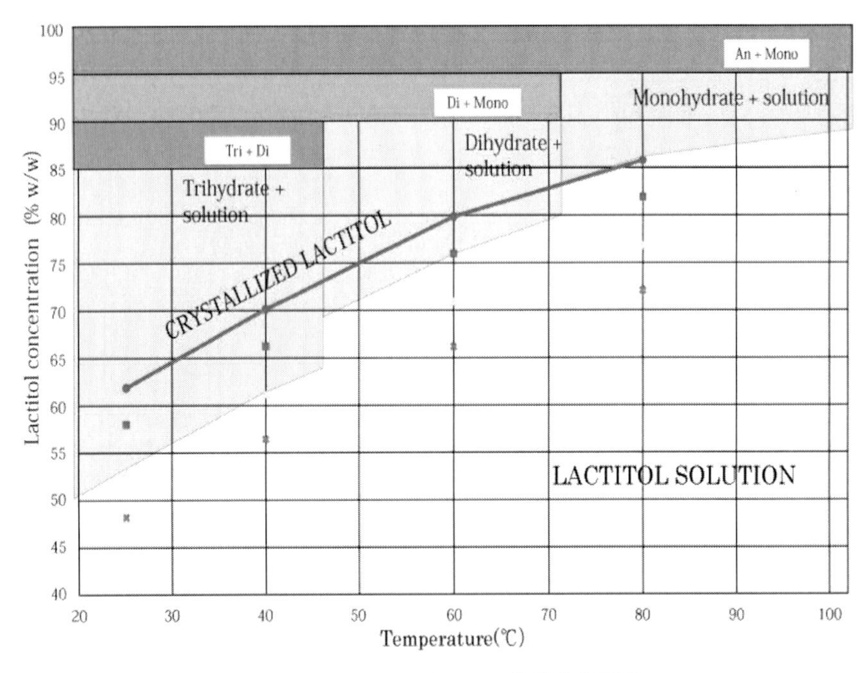

Figure 1 ラクチトールの結晶化条件図

土木製品中で生成させるのはこの2つの結晶形であることが望ましい。

無水物結晶は固結性のない粉状なので寸法安定性や強度が求められる保存処理には向かないが、限られた環境下でしか生成しないため、通常の保存処理作業において問題になることはない。

三水和物は非常に不安定な結晶で、含浸処理後の木製品に問題を生じる。三水和物結晶は70 w/w%以下の濃度で45 ℃以下の環境で結晶させると容易に生成し、吸湿しながら体積を膨張するために木製品を破壊する恐れがある(Figure 2)。このように、三水和物結晶は文化財の保存処理には適さない結晶であるが、低濃度で結晶させなければ生成することはないので当初は問題視していなかった。

それよりもラクチトール法の開発段階で最初に直面した問題は処理結果のばらつきであった。テストピースへの含浸処理実験を繰り返すうち、同じ条件でも結果の良否がばらつき、再現性が低いことが判っ

Figure 2 ラクチトールの三水和物結晶（左）と一·二水和物結晶（右）

てきたのである。

当時の含浸処理実験の手順は、

① 40 ℃程度に加熱した 20 %Bx のラクチトール水溶液中にテストピースを入れ、しかるべき時間をかけて含浸し、温度を上げ濃度を上げる。

② 70～80 ℃程度の加熱下で過飽和になるまで濃度を上げ、液面に結晶が析出し始めたらテストピースを取り出す。

③ 取り出したテストピースの表面に付着している高濃度のラクチトール水溶液を熱湯で洗い流して水分を拭き取り、静置して結晶化する。

というものであった。

今から思えば、この方法ではラクチトールの結晶化に時間がかかり、テストピースに強度を与えるより先に変形を生じてしまう恐れがある。当時はその原因を完全に究明できてはいなかったが、結晶化のスピードが遅いことが原因の一つであることは実感していた。

Figure 3 はその一例である。40×50×60 mm 程のキューブ状のテストピースを 85 %Bx まで含浸した後に静置していたところ、1 週間程

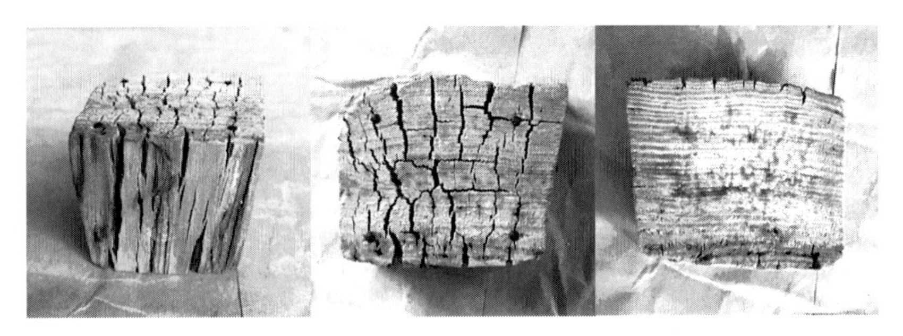

Figure 3 ラクチトール含浸後1週間静置したテストピース（中：上面、右：下面）

で上面に亀裂が入り広がった。これはラクチトールの結晶化が遅いため、テストピース上方で水分が蒸発する、下方に濃くなった水溶液が下がる、上部が希薄になり更に上方で水分が蒸発する、という現象が連鎖的に起こったため上面に割れが入り広がったと考えられる。対して下面は過度に濃度が上がり、机に接していたために湿気がこもり、表面に薄っすらと結晶が析出しているが、著しい寸法変形はない。

このような処理後の寸法安定性のばらつきを解決するためには最終含浸濃度を一律にすると共に、“含浸槽からの取り出し”から“変形を抑える強度（結晶量）が得られるまで”の時間をできる限り短くすることが必要と考え、核（シード）を与えることに着想した[7]。具体的には、ラクチトール水溶液から取り出したテストピースの表面を洗浄した後、結晶の核となるラクチトール粉末をまぶして表面を覆うのである。結果、結晶化が促進されてテストピースの寸法安定性は飛躍的に向上して処理精度は安定した。これにより実資料への実施に踏み切る事が出来た[8]。

2-2-2 処理精度の向上

ラクチトール法において、三水和物結晶の生成は寸法安定性に大きな問題となるが、前述したように結晶化を図る温度・濃度の管理によって抑止できる。ところが、実際に最も多くのトラブルを引き起こした原因はこの三水和物結晶の生成にあった。良好に含浸処理を終え、一水和物・二水和物の結晶によって固められたと思っていた木製品が、時間を経て濡れ色になり、表面から三水和物結晶を析出し始める。この現象に直面した保存処理実施者の当惑は大きく、ラクチトール法の普及を阻む最も大きな壁となった。

この現象が起こる原因を追及したところ、ラクチトールは結晶になっておらず、非晶質化（アモルファス化）していることが判った。身近なものに例えると、“砂糖”ではなく“硬い水飴”の状態になってしまったのである。“硬い水飴”で固化された出土木製品は良好に保存処理を終えたかのように見える。しかし、アモルファスとなっているラクチトールは吸湿性が非常に高い。冬季のように低温で乾燥した環境ならばさほど問題はないが、梅雨時期のような高湿度環境におかれると表層部のラクチトールが吸湿して“硬い水飴”の濃度が低下し、表層が液状化して木製品が濡れ色となる。このようなアモルファス状態のラクチトールの吸湿・希釈による液状化によって三水和物が生成される。つまり、含浸処理後の結晶化工程で三水和物結晶を生成したのではなく、アモルファス化しているラクチトールの吸湿によって“二次的”に三水和物結晶を生成したのである。

含浸処理後に起こるラクチトールのアモルファス化について調査したところ、2つの原因が明らかになった。

ひとつは、結晶化工程にあった。80 %Bx 程度まで含浸し取り上げた後、結晶化を促進しようとして短時間のうちに過度に温度を低下させたことによる。極端な過飽和状態となったラクチトール水溶液は高粘度となり、分子活性が低下したために結晶化が阻まれてアモルファス状態で固化する。

もうひとつは最終含浸濃度の上げ過ぎにあった。出土木製品の保存処理に携わる者のほとんどは PEG 法の経験があり、“含浸処理は高濃度まで上げたほうが安全”という固定観念を持っている。これに加えて“ラクチトール水溶液は低濃度で結晶を図ると三水和物結晶を生じて問題が起きる”という知識もあり、必要以上に濃度を上げてしまう傾向があった。聞き取り調査をしたところ、80 %Bx まで上げた後に適正なタイミングで取り上げず、加熱含浸したまま数週間置いているという例が少なくなかった。その間に水分が蒸発して濃度が上がり過ぎたラクチトール水溶液が含浸され、取り上げ後に結晶にはならずアモルファス化する。このように濃度を上げ過ぎ、更に結晶化を促進するために温度を急激に下げれば、アモルファス化が助長される。

アモルファス化したラクチトールをそのまま結晶へと遷移させることは出来ない。温度管理しながら濃度を下げて完全に水溶液の状態に戻し、再度結晶化を図る他ない。

含浸したラクチトール水溶液のアモルファス化を防ぎ、短時間のうちに出土木製品中で適正な結晶を生成するためには、次の３つが重要である。

①適正な最終含浸濃度を超えないこと。
②核を与えて結晶化を促進すること。
③結晶化工程で温度管理すること。

③の温度管理は安定した結果を得るための重要な要件である。

その方法は､含浸処理後の木製品全体にラクチトール粉末をまぶして 50 ℃程度に保温する。より確実に結晶化を図るためには 50 ℃定温ではなく、10 ℃と 50 ℃の間を繰り返し上下すると良く、35 ℃程の温度帯を通過する時に結晶を多く析出することが判っている[9]。この際に析出する結晶は一水和物・二水和物の「偽晶」を多く含んでいるが、この偽晶は一水和物・二水和物の「本晶」に遷移して安定するので問題ない[10]。これらの根拠となった実験の概要を次項で述べる。

ラクチトール法が普及することに伴って様々な問題が噴出し､その都度実験を行なって原因を明らかにして解決した。その内容は全て学会などで公表した。都合の良いことも悪いことも衆目に晒して多くの研究者からの意見を得ることが、処理精度ばかりでなく信頼性を向上することにも繋がったと考えている。

2-2-3 安定した結晶の生成に向けた実験

1994年に開発に着手してからトレハロース法への転換を図る2009年までの間、ラクチトール法の処理精度を高めるべく様々な研究、改良を行なった。これによりラクチトール法の採用機関が増えたが、反面トラブルの件数も増加した。その内容を精査したところ、含浸処理中の問題はほとんど無く、固化・乾燥工程でのトラブルがほとんどであることが明らかになった。その要因は三水和物結晶の生成であった。

三水和物結晶の生成は、木製品中のラクチトール水溶液濃度と結晶化する際の温度との条件によって引き起こされることが知られていたが、実際上はラクチトールの性状というよりも処理手法に問題があって生じていることが判った。

ここではラクチトール水溶液の温度・濃度と結晶化の進行の関連性について実験から得られた知見を記す。

2-2-4 結晶化・乾燥工程の再考と機器の設計

2005年頃、「最終含浸濃度をまもり、指導されたとおりの方法で作業を行なっているのに失敗する」という相談を受けることが何度かあった。その症状には「上手く保存処理を終えたつもりの木製品がある時から湿っぽくなって表面がベタつき、更には三水和物らしき結晶が生じる」という共通点があった。

この症状は、最終含浸濃度を上げ過ぎたために木製品中でラクチトールがアモルファス状態で固化し、温湿度環境の変化によって表面で吸湿、再溶解して表層の濃度が希薄になって三水和物結晶を生成した時の症状に似ている。しかし、相談者によると最終含浸濃度が適正であったにもかかわらず発症したらしい。

筆者にはこのような経験がなかったため、他機関との作業上の違いを詳細に比較してみた。すると、三水和物の生成を抑止するために50 ℃での結晶化・乾燥が望ましいことは周知されているが、その手法は機関毎に異なっていることが明らかになった。

筆者が行なった実験の中で、60 ℃程度の温度設定で熱風循環式乾燥器庫内の閉鎖空間でテストピースに常時温風を当てていたところ、無水物結晶が生成されたことがあった。これを教訓にして結晶化・乾燥工程で熱風循環式乾燥器は使用せず、周囲をビニールカーテンで囲んだだけの試験管乾燥器を用いていた。使用していた試験管乾燥器は50 ℃の定温で送風されるもので、タイマーによって最長 4 時間で電源が切れる。このため研究室のスタッフが在室している平日日中は連続稼動するが、夜間・休日は自動停止して庫内の温度が低下する。つまり、50 ℃→室温→50 ℃→室温を繰り返していたのである。

この点に着目し、以下の実験を行なった[11]。

実験 1

目的）

ラクチトール水溶液温度の上下に伴う結晶化進行の差異を映像で比較し、結晶化に有効な温度条件を検討する。

方法）

恒温恒湿器中でラクチトール水溶液の結晶化を図り、その生成を撮影して視覚的に比較した。ラクチトール水溶液は透明のガラス瓶に入れ、恒温恒湿器の窓越しにインターバル撮影（10 分に 1 秒）した。

実験 1-1

条件）

実験溶液：ミルヘン 65 %Bx・70 %Bx・75 %Bx・80 %Bx・85 %Bx・90 %Bx 、各 Seed 入・無の 2 パターン

温度環境：定温と変温の 2 つのパターン

①定温　50 ℃・40 ℃・30 ℃・20 ℃・10 ℃・0 ℃

②変温　40 ℃ ⇆ 50 ℃、30 ℃ ⇆ 50 ℃、20 ℃ ⇆ 50 ℃、
10 ℃⇆ 50 ℃、0 ℃ ⇆ 50 ℃

実験 1-2

条件）

実験溶液：ミルヘン 75 %Bx ・ 80 %Bx ・ 85 %Bx、各 Seed 入

温度：次の３つの条件をエンドレスで繰り返す

① 20 ℃･2 時間→（6 時間）→ 50 ℃･2 時間
　→（6 時間）→ 20 ℃･2 時間

② 10 ℃･2 時間→（6 時間）→ 50 ℃･2 時間
　→（6 時間）→ 10 ℃･2 時間

③ 0 ℃･2 時間→（6 時間）→ 50 ℃･2 時間
　→（6 時間）→ 0 ℃･2 時間

結果）

低濃度ラクチトール水溶液の温度降下に伴う三水和物結晶の析出は予想以上に速いことが判明した。大型木製品などのように結晶化･乾燥工程で温度管理し難い資料については、適正な最終含浸濃度まで確実に上げることが非常に重要であることを再認識した。また、どの濃度であっても 20 ℃以下では結晶の生成が著しく遅くなる。これは粘度が高くなり分子活性が低下するためである。これらの実験により、50 ℃定温におくよりも温度を上下させることによって良好な結晶が生成することが判った。

50 ℃はラクチトールの三水和物結晶が溶解する温度でもある。温度を下げた際に生成した結晶に三水和物結晶が混じっていても、50 ℃との間で上下させれば溶解･再結晶を繰り返し、その間に水分が蒸発してラクチトール水溶液の濃度が上昇することで一・二水和物結晶の生成に傾いてゆく。この方法は、最終含浸濃度が理想値に達しなかった場合にも有効である。逆に、理想値までラクチトール水溶液の濃度を上げていても、低い温度環境に置いたままにすると結晶化の進行は非常に遅くなり、含浸した木製品に変形を生じる恐れがある。

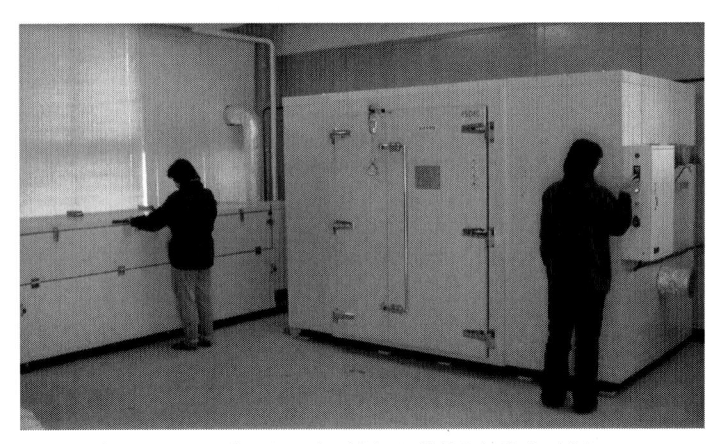

Figure 4 含浸処理室（右）と結晶化促進室（左）

この研究結果を鑑みて、ラクチトール法に特化した装置を設計、製作した(Figure 4)。装置は含浸処理室（右側、有効寸法 W2750×H1800×D1500 mm）と結晶化促進室（左側、有効寸法 W2700×H900×D900 mm）からなっている。含浸処理室は大型の熱風循環式乾燥器である。対象資料に合わせて容器単位で濃度上昇のパターンを変えることができるので含浸処理の効率や精度が向上した。また、結晶化促進室は50 ℃程度で加湿・加熱するための装置である。含浸処理室の湿った排気を循環させることもできる。これにより、結晶化工程での温湿度管理が困難だった大型木製品の処理精度を向上することができた。

2-2-5 基本的な保存処理方法

ラクチトール法の場合、三水和物結晶の生成や非晶質化などに至るトラブルの要因を避けるために最終含浸濃度は 80 %Bx 程度まで上げる。そして、取り上げ後の結晶化促進のためにシードを与え、温度管理することが望ましい。これを遵守しさえすれば含浸主剤の安全性、処理期間の短縮、保管条件の緩和、木鉄複合材資料への適用などのメリットがあり、他の方法とは一線を画する優位性がある。

様々な実験の結果に基づいて導き出した推奨できる基本的な作業の

概要は次のとおりである[12]。

① 記録・登録－実測、写真撮影、データカードへの登録、など。
② 脱色・洗浄－キレート剤（EDTA）を使用して鉄分を抽出した後、お湯に漬けて汚れを抜く。この際、後の菌類の繁殖や悪臭の発生を抑えるために、許される範囲で水温を上げて殺菌し、防腐剤に浸漬する[13]。
③ 含浸処理－出土木製品中にラクチトール水溶液を含浸する。加熱しながら 20 %Bx から 80 %Bx 程度まで徐々に濃度を上げ、含んでいる水分とラクチトール水溶液を置換する。最終含浸濃度が85%を超えないように注意する。
④ 取り上げ（一次洗浄）－含浸槽から取り出し、表面に付着しているラクチトール水溶液を 60℃以上の湯で素早く洗い流す。
⑤ 結晶化促進－表面の水分を拭き取り、結晶の核となるラクチトール粉末をまぶす。温度管理をしながら天地返しをし、結晶化を促進する。温度管理は 50 ℃と 10 ℃とを上下させることが望ましい。これを繰り返しながら、重量変化を測定して終了を判断する。
⑥ 表面処理（二次洗浄）－結晶化が進行して強度が得られた後、木製品表面のラクチトール粉末をぬるま湯で洗い流す。
⑦ 乾燥－表面処理で濡れた木製品を乾かす。温度管理しながら天地返しをする。
⑧ 接合・復元－各種接着剤・補填材が使用できる。ラクチトールで接合することも可能である。

参考資料14

糖アルコール含浸処理における固化・乾燥工程の検討

―最終含浸濃度と結晶化の環境について―

伊藤 幸司（財団法人 大阪市文化財協会）

1.一定温度で結晶化　各糖度(濃度)溶液が設定温度に到達してから２４時間後の状態

2.温度を変動させて結晶化　５０℃と設定温度(２０℃・１０℃・０℃)との間を上下させた場合

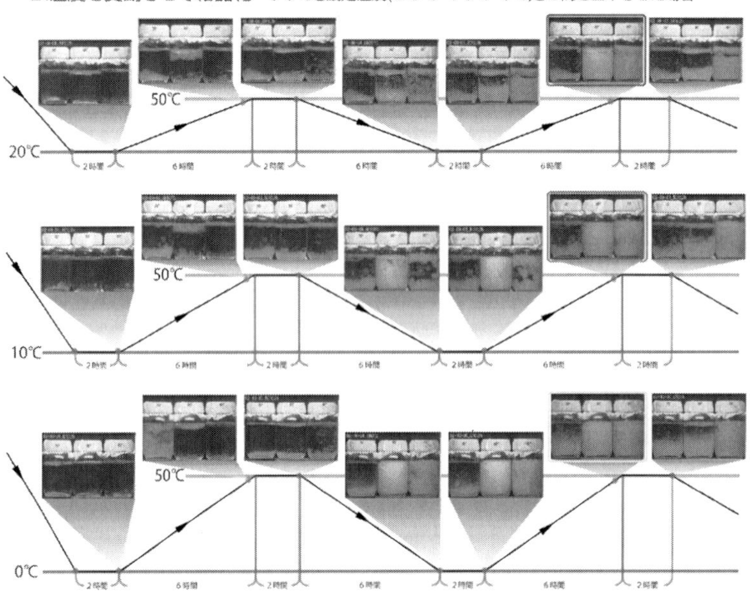

3.まとめ - 温度を変動させることにより結晶化を促進することができる

・結晶の生成と種類
結晶の形状は３種類ー(A)粒状の結晶、(B)綿状の結晶、(C)壁などに付着して成長する結晶
結晶化の進行も三様ー(A)は液中で降る、(B)は湧き出す、(C)はゆっくりと核から伸びる
結晶の正体ー(A)は擬晶、(B)は三水和物、(C)は一水和物・二水和物

・結晶化工程の注意点
温度低下に原因する三水和物の生成は予想以上に早く、同様にアモルファス化も容易に起こりうる
三水和物の生成とアモルファス化は並行して起こる場合があり、木器中で双方が共存している可能性がある

・木器処理への適用
「結晶の析出速度」・「乾燥(水分蒸発)速度」・「粘度」の３つのバランスが重要 ＝ 温度管理でコントロール
⇒木器中の溶液の条件は一定にできない
⇒温度を変動することにより、最も結晶化しやすい温度を通過させ、結晶を促進する
⇒変動させるべき温度域は最終含浸濃度から判断する
(当実験では、糖度８５°の場合、５０℃と０℃の間を一定時間上下させることで最も早く結晶化できた)

・実施方法
５０℃程(三水和物の溶解温度である４８℃を上回る程度)で保温できる装置(容器)中で結晶化を図る
スイッチを適宜ON/OFFすることにより外気温度と５０℃との間を上下させる

[1] 対象資料に置換･含浸する物質を示す語句として、「含浸剤」･「含浸薬剤」･「保存剤」などが用いられているが、本書では「薬剤」とし、前後の文意から「含浸主剤」･「主剤」を併用した。

[2] 沢田正昭･黒崎直 1974 「古照遺跡 発掘調査報告書 Ⅷ 出土木材の保存科学的処理」松山市文化財調査報告Ⅳ pp.89-91

[3] PEG＃4000の平均分子量は製造会社や品番によって異なるが、概ね3000～3800の範疇に収まる。

[4] 今津節生 1993 「糖アルコールを用いた水浸出土木製品の保存（Ⅰ）－糖類含浸法とPEG含浸法の比較研究－」考古学と自然科学 第28号

[5] Setsuo IMAZU , Andras MORGOS 2001 “An Improvement on the Lactitol Conservation Method Used for the Conservation of Archaeological Waterlogged Wood （The Conservation Method Using a Lactitol and Trehalose Mixture)” Proceedings of the 8th ICOM-CC Group on Wet Organic Archaeological Materials Conference Stockholm 2001 pp.413-428

[6] 今津節生氏提供

[7] 金平糖の製法にヒントを得た。

[8] 伊藤幸司･鳥居信子 1996「糖アルコール含浸法による脆弱遺物の処理例」第18回文化財保存修復学会講演会大会講演要旨集 pp.64-65

[9] 伊藤幸司 2006 「糖アルコール含浸処理における固化･乾燥工程の検討－最終含浸濃度と結晶化の環境について－」日本文化財科学会第23回大会研究発表要旨集 pp.232-233

[10] 畠山静夫・小関宏明両氏（東和化成工業株式会社、当時）のご教示による。

[11] 伊藤幸司 2006 「糖アルコール含浸処理における固化･乾燥工程の検討－最終含浸濃度と結晶化の環境について－」日本文化財科学会第23回大会研究発表要旨集 pp.232-233

[12] 伊藤幸司 2003 「糖アルコール含浸法の進展と注意点」遺物の保存と調査 沢田正昭編 クバプロ pp.74-77

[13] 防腐剤の中には糖の結晶を阻害するものがあるので前もって確認し、適したものを使用する。

[14] 伊藤幸司 2006「糖アルコール含浸処理における固化･乾燥工程の検討－最終含浸濃度と結晶化の環境について－」日本文化財科学会第23回大会 発表ポスター

第３章　トレハロース法の確立

3-1 トレハロース法に至る経緯

トレハロース法の研究を開始したのは 2009 年頃であるが、含浸主剤として用いることが検討されたのは 1993 年に遡る。糖類含浸法の研究に着手した今津氏は主剤とする糖の第一候補にトレハロースを挙げていた。しかし、当時トレハロースは人為的に作り出すことができず自然界に存在するものを抽出していたため、1 kg 3〜5 万円の非常に高価な糖であった[1]。当然のことながら、大量の糖を溶解して使用する出土木製品の含浸処理に採用することはできず、それに代わるものとしてラクチトールを採用した。

1995 年頃、トレハロースはデンプンから人工的に生産できるようになり、価格は従来の 100 分の 1 程度にまで下がった。これにより、含浸処理の主剤として用いることは可能になったが、その頃には我々のラクチトール法の研究も進んでおり、実用化段階に達していたため含浸主剤をトレハロースに転換することはしなかった。

ラクチトール法において、結晶阻害を起こさせるためにトレハロースを添加剤として用いることがあった。糖類の多くは他種の糖を添加することで結晶阻害を起こす性質がある。ラクチトールも例外ではなく、この性質を利用してラクチトールが三水和物を析出する条件下で結晶を生成しないようにするためにトレハロースを添加した[2,3,4]。

含浸処理において、どの程度まで濃度を上げることができるかは、対象資料が何度までの加熱に耐えられるかに左右される。例えば、近世期の出土漆製品の多くは長期間にわたって 60 ℃以上に加熱すると漆膜の脱落やカールなどトラブルが生じることが分かっている。このために加熱を 55 ℃程度に抑える必要があるのだが、この温度で含浸できるラクチトール水溶液濃度は三水和物結晶が生成してしまう危険領域に入っている。これを防ぐために主剤であるラクチトールにトレハロースを添加して､三水和物を生成する温度･濃度領域で結晶することを抑止していた[5,6]。しかし、結晶阻害効果を得るために添加したトレハロースは含浸薬剤の 10 w/w%程度にすぎず、トレハロースを含浸主剤とする研究は始めていなかった。

3-2 基本的な性状

トレハロースの文化財保存への適用について論を進める前に、基本的な性状について簡単に触れておく。

トレハロース（無水物）はグルコースが 2 個結合した非還元性の糖質で、二糖類に属し、分子量は 342 である。2 分子の水と結合して 二水和物（分子量：378）の結晶となる。この二水和物結晶は融点が 97 ℃で、25 ℃･90 %RH の環境に 7 日間置いても全く吸湿しない[7]。

トレハロースは動植物界に広範囲にわたって存在する自然の糖である。かつては人工的に生産できず、天然物から抽出するほかなかったが、1995 年、株式会社林原が酵素を用いてデンプンから直接トレハロースを生産することに成功した。これによって大量生産が可能になり､キロあたり数万円した価格は 400 円／kg 程度までダウンした。低価格化､安定供給が可能になったことで食品関係はもちろんのこと､医薬品・化粧品・新素材の開発など様々な分野で利用されており、研究も進んでいる[8]。

トレハロースは酸性環境下でも安定性に優れており、含浸処理中に出土木製品からの抽出物などの影響によって酸性化した水溶液中でもほとんど分解しない。耐熱性も優れており、トレハロース水溶液を長期にわたって加熱してもほとんど分解はなく、安定した状態を保つ。メイラード反応も無く、蔗糖やラクチトールなどと比較しても極めて安定である[9]。ただし、これらは純粋なトレハロースの特性であり、保存処理に用いているトレハは長期間にわたる加熱含浸処理中に極くわずかではあるが分解物が認められる。これはトレハに含まれている不純物が分解したものと考えられる。

3-3 濃度とその測定

含浸処理の工程では日常的な濃度管理が必要だが、トレハロース水溶液の厳密な濃度測定は日々の作業に即応できるとは言い難い。よって、「Brix 計（糖度計）」での読み取り値を濃度として用いている。ここでは、Brix 計を使用する意図を説明する。

トレハロースの濃度を示す場合、純粋な無水物相当のトレハロース重量を計算せねばならない。しかし、保存処理にはトレハを使用している。トレハは二水和物結晶であるため 2 分子の結晶水を持っており、不純物も含んでいる。よって、厳密にはこれらを除いて純粋なトレハロースの無水物結晶に相当するように換算する必要がある。

トレハの二水和物結晶は結晶水として 9.5 w/w%ほどの水分を含有している。また、不純物としてグルコースなど他の糖質を含んでいるが、純度は 98 w/w%以上ある[10]。

製造ロットによって多少異なるが、ここでは 9.5 w/w%の水分を含み、糖質中の純度は 98 w/w%として計算してみる。

例えばトレハ 50 g を 50 g の水に溶解する場合、

$50\ \mathrm{g} \times (1-0.095) = 45.25\ \mathrm{g}$

が水分を除いた糖質の量となるので、糖質の濃度は 45.25 w/w%となる。次に糖質分から不純物分を除くと、

$45.25\ \mathrm{g} \times 0.98 = 44.345\ \mathrm{g}$

となり、トレハ 50 g を 50 g の水で溶解した時のトレハロースの濃度は 44.345 w/w%である。

つまりトレハが 9.5 w/w%の水分と 2 w/w%の不純物を含んでいるとするなら、88.69 w/w%のトレハロースを含有する計算となる。

他方、実際の含浸処理作業における濃度管理では、換算してまで厳

密にトレハロースの濃度を求める必要なく、含浸槽中のトレハ水溶液の濃度を適正に上昇させることが出来ればよい。このような濃度の把握を簡便に短時間で行なうため Brix 計を用いている。

Brix 計は糖度計とも呼ばれ、蔗糖水溶液の屈折率を蔗糖の質量百分率に割り付けることで濃度を示す。例えば、蔗糖水溶液を Brix 計で測定し「30」の値となった場合、「30 w/w%の蔗糖（固形分）を含む水溶液」、つまり「濃度 30 %」を意味している。蔗糖以外の水溶液を測定して読み取り値が 30 となった場合は、「蔗糖 30 w/w%水溶液の屈折率に相当する屈折率の固形分」を含有していることを示している。ただし、糖以外の成分でも屈折するため、必ずしも含有する糖の量のみを示しているわけではない。また、屈折率は溶質によって異なり、トレハロースの屈折率も蔗糖とは異なる。

蔗糖とトレハロースの濃度の相関性を知るために、トレハ水溶液濃度（w/w%）と Brix（%Bx）の相関と、先の換算方法によるトレハロース水溶液濃度（w/w%）と Brix（%Bx）の相関を調べた[11]。

Figure 5 はトレハ（w/w%）と Brix（%Bx)、トレハロース（トレハから換算、w/w%）と Brix（%Bx）の相関性を示したグラフである。トレハ・トレハロース共に蔗糖と等値ではないが高い相関性を示している。トレハ濃度は Brix 計では低めに、トレハロース濃度は Brix 計では高めに読み取られる。

トレハロース法では実作業上での簡便性を考慮し、かつ保存処理実施者間での濃度認識に齟齬をきたさないように、Brix 計での読み取り値をトレハロースの濃度として用いてきた。含浸処理工程における濃度管理は、開始濃度と完了濃度、その間の日々の濃度を把握して適正に上昇させることが主な目的である。このため、Brix 計が示す値が意味している内実を理解していれば、その値を含浸処理工程における濃度管理の基準尺度として用いることは何ら問題ないと考える。先行するラクチトール法でも同様の手法によって濃度管理をしてきており、問題は生じていない。よって、本稿でもトレハ水溶液を Brix 計で読み取った値を、水溶液中のトレハロース濃度（%Bx）として用いる。

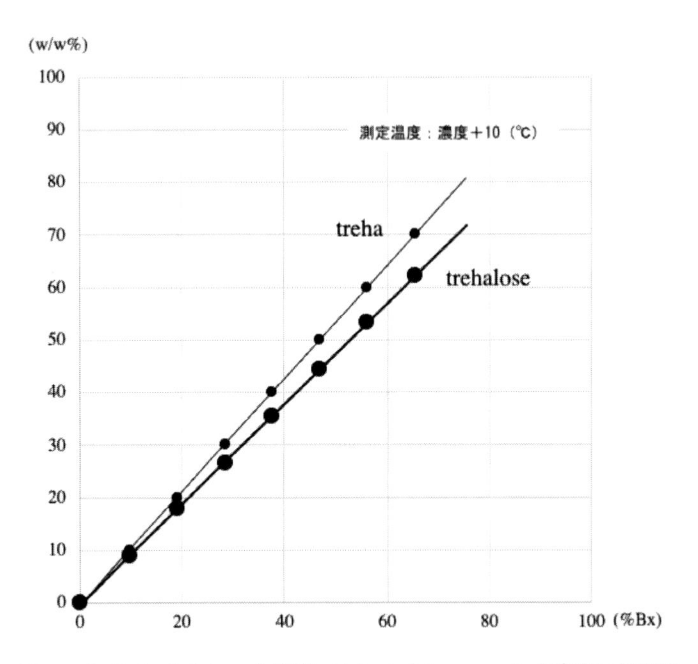

Figure 5　Brix とトレハ水溶液、Brix とトレハロース水溶液の相関性

3-4 固化物の生成

トレハロース水溶液からは、濃度や温度等の条件によって異なる状態の固化物が得られる。また、得られた固化物は湿度環境などの条件によって遷移する。Figure 6 にトレハロース水溶液から固化物を析出させる条件、そして析出した固化物を遷移させる条件を示した[12]。

トレハロース水溶液から生成する固化物には結晶と非晶質がある。

結晶には無水物結晶・二水和物結晶という二つの形がある。

二水和物結晶は、トレハロース水溶液の温度・濃度を調整して過飽和状態にすれば、その程度に応じた量が得られる。二水和物結晶は吸湿性が低く極めて安定している。安定した糖の結晶という意味では氷砂糖のイメージである。

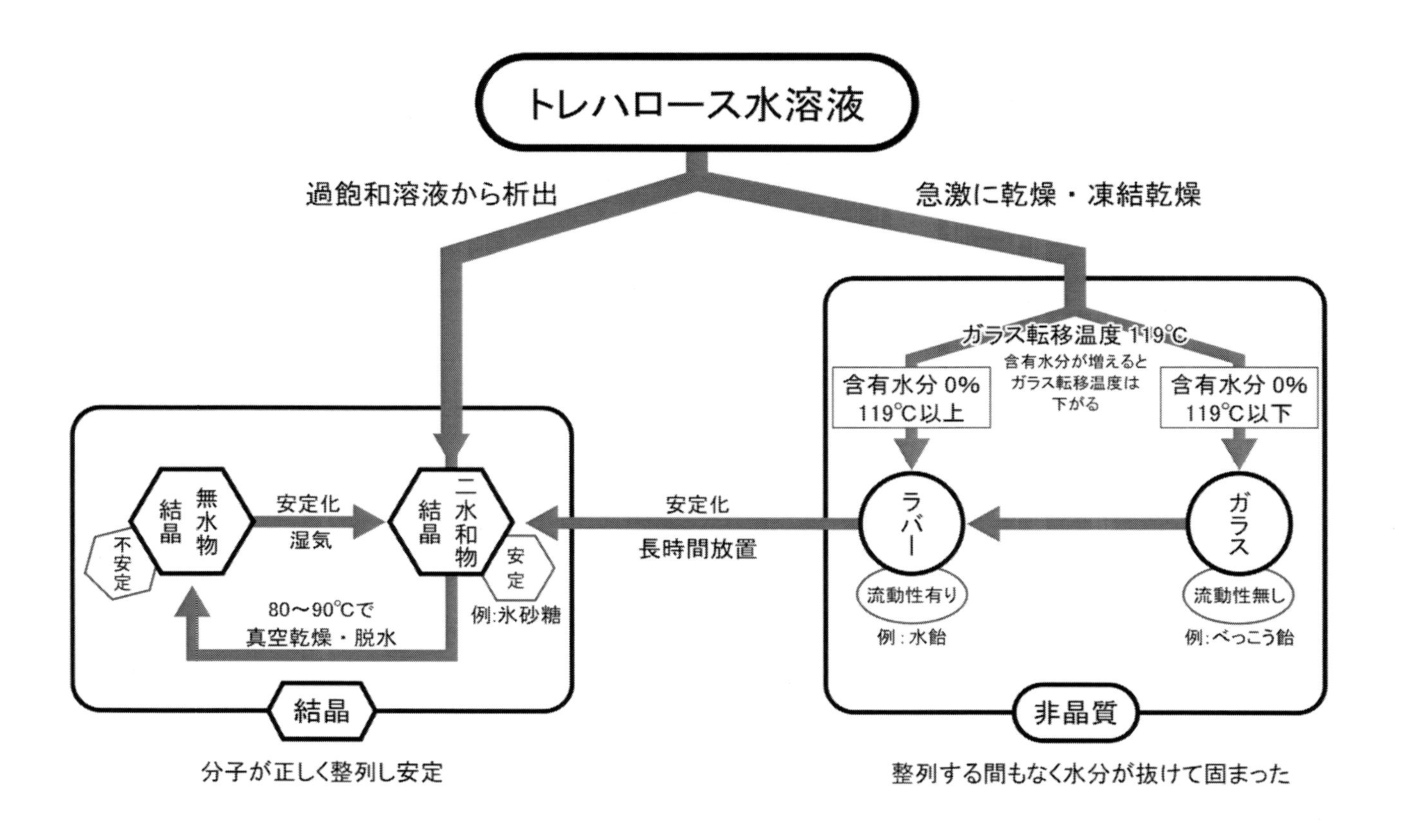

Figure 6 トレハロース水溶液の遷移図

無水物結晶は、二水和物結晶を真空状態で乾燥･脱水し、水分子を切り離すことで得られる。トレハロース水溶液から直接生成することも可能だが、二水和物結晶からの方が効率的である。無水物結晶は非常に不安定で吸湿し易い。吸湿すると水分子と結合して二水和物結晶に遷移し、安定する。

次に非晶質についてだが、前述したようにラクチトールの非晶質は非常に不安定でトラブルの原因となるのに対し、トレハロースの場合は安定している。

非晶質にはガラスとラバーの二つの状態がある。

名称が示すようにガラスは流動性がなく、ラバーは含まれる水分量や温度によって程度の差はあるが流動性をもつ。イメージとしてはガラスはべっこう飴、ラバーは水飴である。トレハロースのガラスは高湿度環境に置くと表面で吸湿し、ラバーに遷移する。トレハロースのラバーは吸湿すると二水和物結晶に遷移して安定する。つまり、トレハロースの無水物結晶・ガラス・ラバーのどれもが吸湿などによって最終的に二水和物結晶に遷移して、安定化する。しかし、トレハロースのガラスから二水和物結晶に一足飛びに遷移することはない。また、トレハロースの水溶液とラバー、ラバーとガラスを外観から判断することは非常に難しい。

工業製品や実験室での意図的な生成以外で二水和物結晶・トレハロースラバー・トレハロースガラスを混在なく単独で得ることは困難である。文化財の保存処理に用いた場合も、その固化物には結晶と非晶質が必ず混在している[13]。

3-5 トレハロースの優位性

ラクチトールとトレハロースの比較を Table 1[14]に掲げた。

Table 1 ラクチトールとトレハロースの基本的物性の比較

	ラクチトール	トレハロース
融点	102～105℃（一水和物）	97℃（二水和物）
溶解度(g/100g 水)	169.7g（25℃）	91.4g(25℃)
甘味度	40（対砂糖 100）	45(対砂糖 100)
分子量	362(一水和物)	378(二水和物)
臨界比湿度	37℃･RH85%以下吸湿性なし	37℃･RH95%以下吸湿性なし

繰り返しになるが、ラクチトールは工業的に生み出された人工の糖で天然自然には存在しないのに対し、トレハロースは動植物界に広範囲に渡って存在する自然の糖である。トレハロース水溶液は酸性環境下でも安定性に優れている。出土木製品の含浸処理中は木材から抽出される酸などの影響で含浸溶液は酸性化されるが、トレハロース自体はほとんど分解されない。また、トレハロース水溶液を長期間加熱しても安定した状態を保つ。このような対酸・対熱への安定性は、長期間にわたって加熱される出土木製品の含浸処理においては非常に重要な長所である。

トレハロースの二水和物結晶は吸湿性が極めて低く、臨界比湿度（Critical Relative Humidity, CRH）37℃･95 %RH まで吸湿しない。他の糖やラクチトール（一水和物結晶）と比較して、トレハロースの二水和物結晶の耐湿度性能は極めて優れている。この値から、含浸主剤がトレハロースならば東南アジア諸国のように高温多湿の地域であっても、保存処理後の保管中に吸湿による問題が生じることは極めて低いと思われる。

トレハロース法への転換は、ラクチトール法の手法を継承することを前提としていた。具体的には、出土木製品を加熱･保温したトレハ水溶液中に浸漬し、含まれている水分と置換する。必要濃度に達した後に含浸槽から取り出すことで含浸されたトレハ水溶液の液温が下がり、過飽和となって木製品中で固化する。これにより木製品の強度を回復し、変形を抑える。

トレハロースに転換するための研究過程でラクチトールに優る二つの適性が明らかになった。

第一は結晶化のスピードである。

トレハロースを含浸主剤にするに当たって最も危惧したのは、ラクチトールに比べて水への溶解度が低いことであった。Figure 7[15]はトレハロース・ラクチトール・蔗糖の水への溶解度グラフである。トレハロースは低温域での溶解度が低く、10 ℃での溶解度はラクチトールよりも20 %程度低い。しかし、高温域での溶解度は高く、トレハロースの溶解度曲線は他の2つの糖に比べて急角度に上昇している。

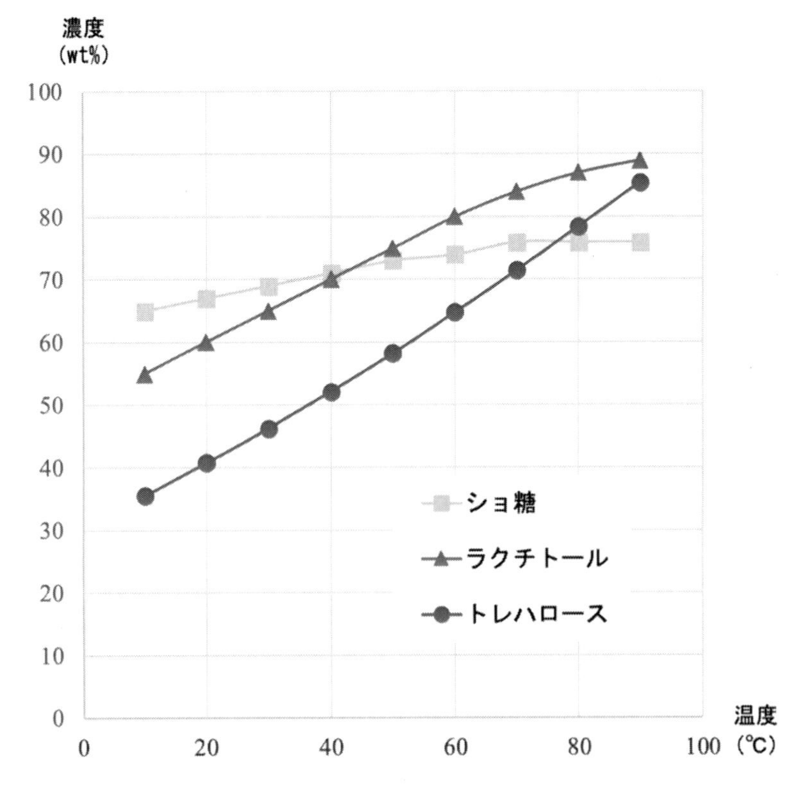

Figure 7 蔗糖・ラクチトール・トレハロースの水に対する溶解度

ラクチトール法では一水和物・二水和物の結晶を生成させるために最終含浸濃度を 80 %Bx 程度まで必ず上げなければならない。その際の液温は粘度を下げるために 80〜85 ℃にしている。これに対して、トレハロース法は最も濃度を上げても 70〜72 %Bx 程度までなので加熱温度は 85 ℃程度である。つまりラクチトール法での最終含浸濃度の温度と変わりない。

トレハロースの水への溶解度が他と比べて低温で低く、高温になるに従って高くなるという性質は、含浸後の固化の段階でより多くの結晶を得ることに繋がる。ラクチトールを主剤とする場合、結晶化を促進するために核となるシード（ラクチトール粉末）を与えることが必須である。トレハロース法においても、当初は結晶化を促進すべく含浸処理直後の木製品にトレハロース粉末をまぶしていた。しかし、含浸槽から取り上げる作業を重ねていく中で、作業者の手に付着したトレハ水溶液がごく短時間のうちに粉状となり、木製品表面も温度の低下によって見る見るうちに結晶化してゆくことを体感した。その起晶性は非常に優れており、シードを付けようとしても付けられないほどの速さで進行することから、基本的には結晶化を促進するためのシードは不要と判断した。

第二は安定した結晶を生成することである。

トレハロースはラクチトールの三水和物結晶のような不安定で問題を生じる結晶を生成しない。ラクチトールには無水物から三水和物までの 4 つの結晶形があり、結晶化工程において温度を操作して適正な結晶を生成させなければならなかった。特に、処理後の安定性を著しく損なう三水和物結晶には注意が必要であった。

これに対してトレハロースは無水物結晶と二水和物結晶の 2 種類の結晶形しかない。通常の条件では無水物結晶を生成することはない。つまり、文化財の保存処理において、含浸処理後の過飽和操作によって生成する結晶は最も安定する二水和物結晶のみなのである。結晶化を図る際の周囲の気温と含浸したトレハロース水溶液の濃度によって生成する結晶の量は異なるが、温度・濃度に関わらず生成した結晶は全て二水和物結晶で安定しているということは非常に大きなメリットである。

3-6 トレハロースへの転換のための二つの実験

ラクチトールからトレハロースへの転換を図る際に、双方の性状の差異から問題が生じることを懸念して基礎的な実験をいくつか行なった。それと併行して、少々イレギュラーな目的に対してトレハロースという素材がどの程度まで対応できるかを調べるために次のような 2 つの実験を行なった。

実験 2

目的)

トレハロースによる保湿効果を検討する。これは発掘現場で出土状態のままの木製品に散布し、乾燥を抑えることを狙ったものである。

方法)

テストピースをトレハ水溶液に常温で 1 時間浸漬した後、発掘現場での環境を想定して扇風機で 1 週間送風、乾燥した。

条件)

テストピース：含水率 750 %程度、直径 50 mm 厚さ 20 mm 程

実験溶液：トレハ 0 %Bx・10 %Bx・20 %Bx・30 %Bx・40 %Bx・50 %Bx の 6 種類の水溶液

結果)

期待した保湿効果は全く無くほぼ絶乾状態になっていたが、完全に乾燥しているにも関わらず変形が抑えられていた。Figure 8 は 0 %Bx・10 %Bx・50 %Bx の乾燥前後の外観の比較である。50 %Bx の寸法安定性は高い。手にしてみると非常に軽く、十分な固化物が得られていないにも関わらず、外観に大きな問題は生じていないことに驚かされた。

Figure 8 短時間の含浸による寸法安定性の比較（左から 0 %Bx・10 %Bx・50 %Bx）

実験 3

目的）

「トレハ水溶液濃度・含浸時間」と「含浸後木製品中のトレハロース固形分量」の相関性や、「変形抑制効果」との関連性を調べる。

方法）

針葉樹材は 1 時間・16 時間、広葉樹材は 1 時間・16 時間・1 週間、それぞれ含浸した後に風乾して変化を比較した。

条件）

テストピース：出土材を 40×50×10 mm 程に成形

針葉樹　含水率約 700 %、

広葉樹（ケヤキ）含水率約 550 %

実験溶液：

針葉樹　トレハ 0 %Bx・10 %Bx・30 %Bx・50 %Bx の水溶液

広葉樹　トレハ 0 %Bx・50 %Bx・70 %Bx の水溶液

液温　30 %Bx 40℃、50 %Bx 60℃、70 %Bx 80℃、他は室温

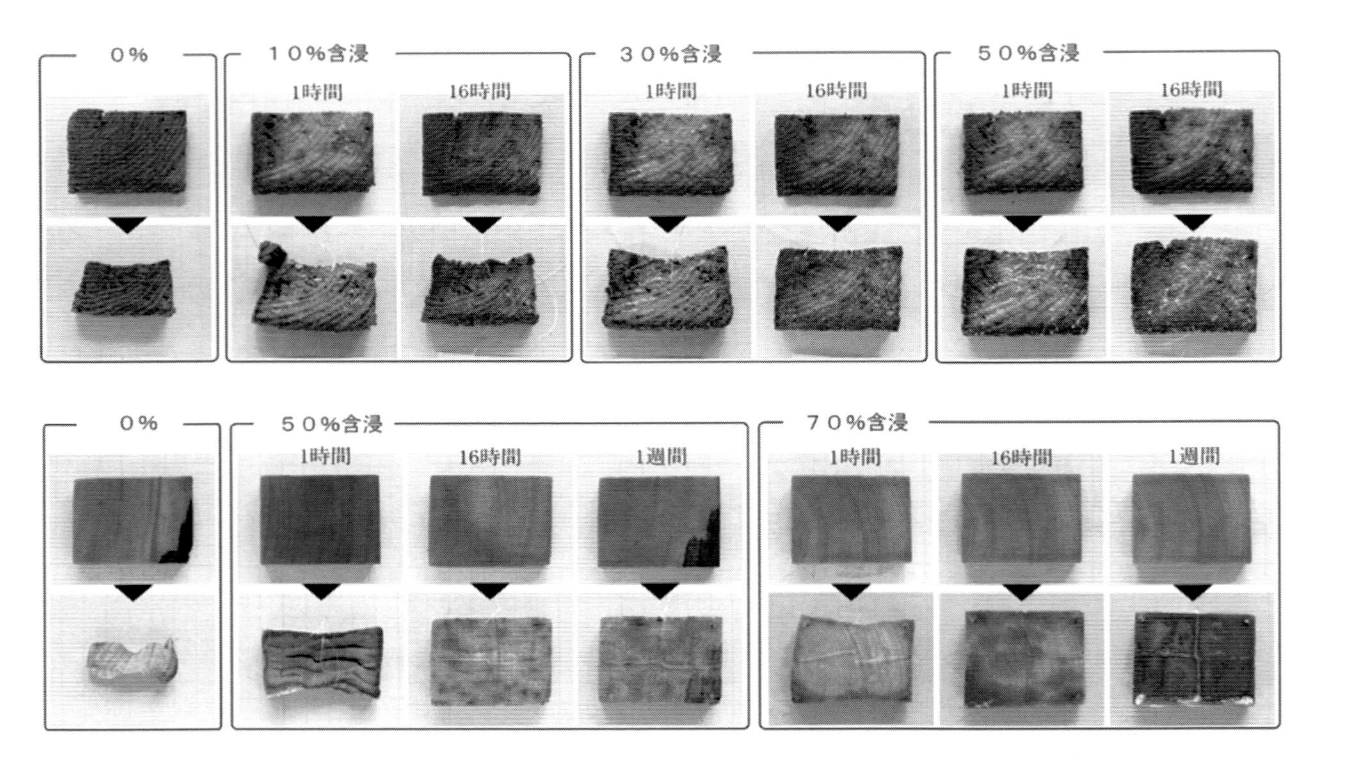

Figure 9（上）・10（下）　含浸濃度・含浸時間が寸法安定性に及ぼす影響（上：針葉樹　含水率 700%、下：ケヤキ　含水率 550%）

結果

Figure 9・10 から、含浸したトレハロースの濃度と含浸時間の長短、言い換えれば、木片に内在する固形分量の多寡が変形の抑止効果を左右していることが解る。

Figure 11 と Figure 12 は前出の[ケヤキ・50%Bx・1 週間含浸]と[ケヤキ・70%Bx・1 週間含浸]の固化後の X 線透過画像である。外観の写真からは双方ともに変形することなく高い寸法安定性を得ているが、[ケヤキ・50%Bx・1 週間含浸]のテストピースの内部は収縮による割れが生じている。対して[ケヤキ・70%Bx・1 週間含浸]のテストピースは内部に変形が見られないばかりか鮮明に木材組織が映し出されており、均質にトレハロースが固化・分布していることが想像できる。[ケヤキ・50%Bx・1 週間含浸]のテストピースは非常に軽く、トレハロースの固化物が足りていないことは明らかで、外観は保たれているが保存処理を施す目的の一つである“強度を上げる”という点では問題が残る。

では、なぜ外観の形状を保つことができているのであろうか。

その理由は、トレハロース水溶液の濃縮・固化というプロセスに風乾が与える効果をイメージすれば理解できる。含浸された 50 %Bx 程度のトレハロース水溶液は常温での過飽和度は低いので、固化物を速やかに多く生成することはない。しかし、風乾の効果によってテストピー

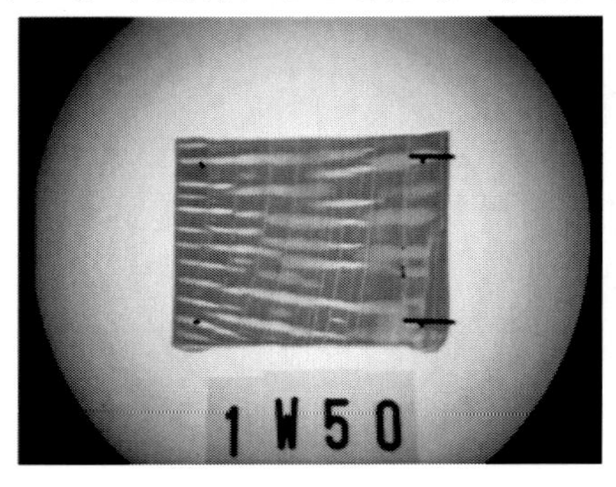

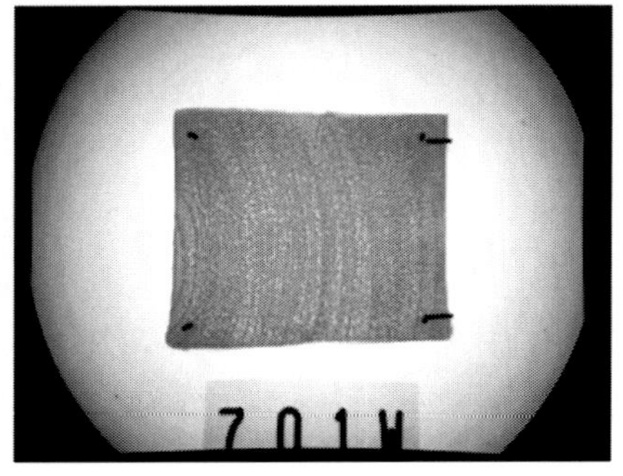

Figure 11（左）・12（右）　テストピース（ケヤキ材）固化後の X 線透過画像

（左：[50%Bx・1 週間含浸]、右：[70%Bx・1 週間含浸]）

ス表面からは盛んに水分が奪われ、表層に分布しているトレハロース水溶液は濃縮されて過飽和状態になり、固化物を生成する。表層のトレハロース水溶液が固化するとその少し内側に分布しているトレハロース水溶液が表層に移動し、水分を奪われて固化する。この現象が連鎖的に起こることで、テストピースの表層部にはトレハロースの固化物が集積して強固な層を形成し、外観上の変形を抑えているのである。X 線透過画像を詳細に観察するとテストピース表層部分にはトレハロースの固化物が集積している。

この挙動をイメージするために固化後資料の X 線 CT 画像撮影を行なった(Figure 13・14) [16]。

対象資料は長さ 120 mm、直径 80 mm 程のヤブツバキ（出土材、含水率約 700 %）で、Figure 13 は 40 %Bx まで、Figure 14 は 70 %Bx まで含浸し、固化後に撮影したものである。[ヤブツバキ・40%Bx] は含浸した固形分で変形を抑えることができず､大きく亀裂が入った。Figure 13 を見るとその表層にトレハロースの固化物が集積されて、内部が希薄になっていることが観察でき、前述の現象が起こっていることが解る。これに対して[ヤブツバキ・70%Bx]の画像(Figure 14)は含浸したトレハロースが対象物内全体に分布した状態で固化している。高濃度のトレハロース水溶液が温度の低下に伴って急激に結晶化、固化した様子がイメージできる。

3-7 風乾による固化進行のイメージ

通常、過飽和にして得られる固化物の主体は二水和物結晶でガラスを含んでいる。生成した固化物は温度が上がるか水分（過度な湿気）が供給されない限り再溶解することはない。固化しなかったトレハロース水溶液（残滓）は飽和状態になっているが、置換されないまま資料内部に残っている水分もあり、それらの状態を特定することは難しい。とは言え、水分が少しずつ蒸発すればトレハロース水溶液は濃

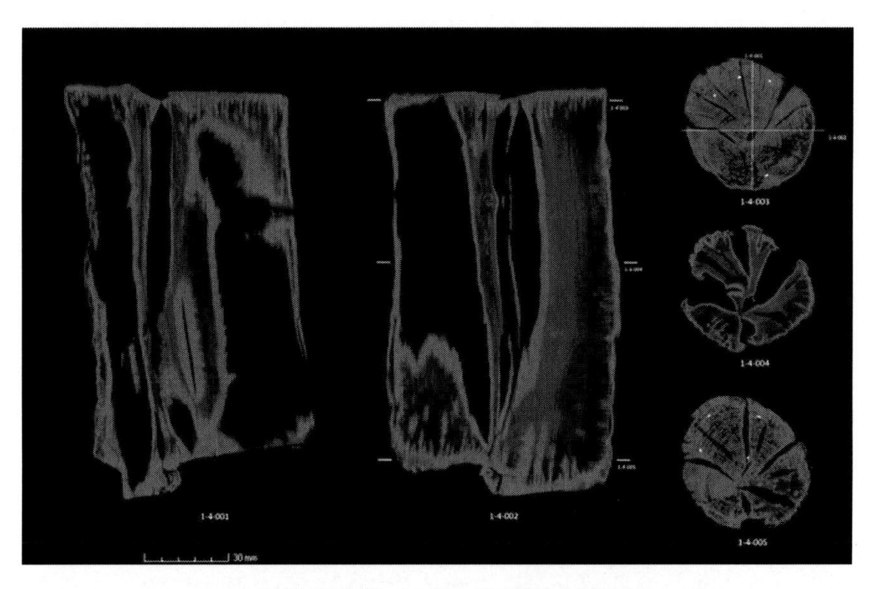

Figure 13　X 線 CT 画像 ヤブツバキ 最終含浸濃度 40 %Bx

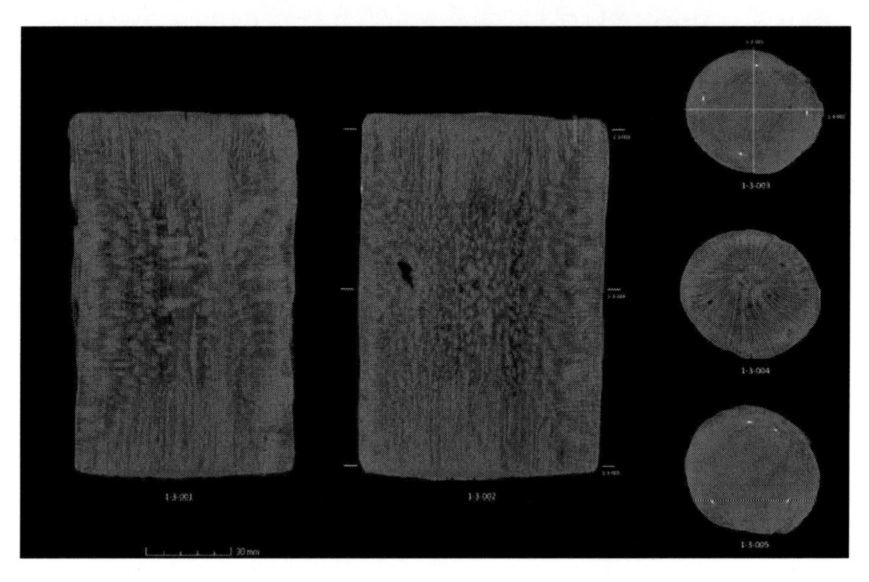

Figure 14　X 線 CT 画像 ヤブツバキ 最終含浸濃度 70 %Bx

縮され、いずれは固化物となる。

トレハロースは必要な水分を結晶水として確保して結晶化すると、他の水分は取り込まず放出し易い。また、低温域での水への溶解度が低いことから、含浸したトレハロース水溶液が温度の低下に伴い過飽和となって固化するスピードは速い。当初の過飽和による固化を終えると、その後はゆっくりと固化が進行する[17]。

含浸後、過飽和によって起こる急激な固化を一次固化、その後の緩やかな固化を二次固化とするならば、風乾を行なうべきは一次固化の段階である。風乾することによって過飽和分の固化が促進されて寸法安定性が向上する。これに対して二次固化の段階は、固化しなかったトレハロース水溶液の残滓の水分と、置換されないまま内部に残っている水分が蒸発し始める。二次固化の段階に入っているにも関わらず風を当て続けると、過度に乾燥が進み対象資料を変形させることがある。これを防ぐためには重量の測定を行ない、グラフを作成して一次固化の急角度な重量減少から二次固化の緩やかな減少にカーブを描いて移り変わる様子を確認し、風乾を止める。

---

1 川口恵子編 2011 「トレハプロフィール」『トレハブック トレハを知り、和菓子を創る』 株式会社林原商事 pp.2-3

2 西口裕泰・伊藤幸司・鳥居信子・今津節生・北野信彦 1999 「糖アルコール含浸法による漆製品の処理」日本文化財科学会第16回大会研究発表要旨集 pp.174-175

3 今津節生 2000 「糖の混合による糖アルコール含浸法の改良」日本文化財科学会第17回大会研究発表要旨集 pp.42-43

4 伊藤幸司・鳥居信子・今津節生・西口裕泰 2000 「糖アルコール含浸法における処理効率の向上」日本文化財科学会第17回大会研究発表要旨集 pp.196-197

5 伊藤幸司・藤田浩明 2008 「糖アルコール含浸法における固化・乾燥工程の検討（その2）－トレハロースを添加した際の結晶促進方法－」日本文化財科学会第25回大会研究発表要旨集 pp.340-341

6 トレハロースの添加による結晶阻害は、必要な結晶量が得られるまでの時間が長くなるというマイナス面がある。

7 姫井佐恵・川口恵子・高倉幸子・横山せつ子 2014「トレハロースの基本物性」『TREHA BOOK トレハを知り、糖を知る－洋菓子編－』 株式会社林原 pp.1

8 トレハロースは多分野で継続的に研究され、有効性が確認されている。研究成果や活用については『トレハロースシンポジウム記録集』や株式会社林原の公式ホームページをご覧いただきたい。

[9] 川口恵子編 2011 「第4章トレハを極める」『トレハブック トレハを知り、和菓子を創る』 株式会社林原商事 pp.99-119

[10] （株）林原 三宅章子氏のご教示による。

[11] 使用したBrix計はATAGO社製「Pen-J」である。測定温度は実際の含浸処理工程に沿うように「濃度＋10」℃とした。

[12] 状態間の遷移は可逆的だが、この図では二水和物に向かう方法について示した。

[13] 亀田のぞみ・岡田文男 2014 「トレハロース含浸処理後木材の走査電子顕微鏡観察」日本文化財科学会第31回大会研究発表要旨集 pp.318-319

[14] 臨界比湿度は2001年3月に東和化成工業株式会社食材開発研究センターから提示されたデータに基づく。

[15] 今津節生氏提供

[16] 伊藤幸司・藤田浩明・小林啓・今津節生 2014 「トレハロース含浸処理法における含浸と結晶化のイメージ（その1）－X線CTスキャナによる含浸の可視化－」日本文化財科学会第31回大会研究発表要旨集 pp.316-317

[17] 東郷加奈子・伊藤幸司・藤田浩明 2013 「トレハロース含浸処理法における含浸処理後の安定化へのプロセス」日本文化財科学会第30回大会研究発表要旨集 pp.320-321

第4章　トレハロース法～基礎編

4-1 概要

トレハロース法の一般的な保存処理工程は、含浸槽で加熱しながら木製品中の過剰な水分とトレハロース水溶液を置換する。必要濃度まで含浸し終えたら含浸槽から取り出し、木製品中のトレハロース水溶液を迅速に固化させる。これにより含浸処理後の木製品の変形を抑止し、安定化させるのである。トレハロース水溶液が固化した状態には結晶と非晶質の2つがあるが、基本的には結晶を多く、速く生成して固める。その実作業上、忘れてはならないのが風乾である。

前述したように、トレハロース法の処理精度を支える大きな要因はトレハロースが持つ優れた起晶性と、生成される二水和物結晶の安定性にある。このことが出土木製品に対する新たな保存処理方法、手法を生み出している。その根本にあるのは、**対象とする出土木製品が形状を保持する為に必要な固形分（濃度）を含浸する**、という考え方である。つまり、対象資料の条件が許すのならば低濃度までの含浸で処理を終えることも可能なのである。

保存処理方法のほとんどは対象とする木製品の劣化程度・樹種などに関わらず一定の濃度までの含浸が求められている。例えば、PEG法ならば100 %まで、ラクチトール法ならば80 %Bx程度まで含浸しなければならない。これは含浸主剤の性質上、低濃度では固化後の強度や安定性に欠けるからである。しかし、トレハロース水溶液は濃度と温度を操作して過飽和状態にすれば、過飽和の程度に応じた量の固化物が析出し、その固化物は安定している。対象資料の劣化が軽ければ補う固化物は少なくてもよく、著しく劣化しているならば多くの固化物で補う必要がある。言うまでもなく、第一に対象資料の状態を鑑みるべきであり、方法に対象資料を当てはめてはならない。どれほどの濃度まで含浸するのかは腐朽の程度だけでなく、材質・形状・樹種・

木取りなど対象資料の観察と、知識と経験から保存処理実施者が総合的に判断しなければならない。

4-2 5つのキーワード

トレハロース法には5つの言葉が度々使われる。

それは、「結晶」・「非晶質」・「固形分」・「固化物」・「固化」である[1]。

この5つの言葉を使ってトレハロース法を略解するならば、

「対象資料に含浸したトレハロース水溶液に含まれる“固形分”から“固化物”である“結晶”や“非晶質”を生成し、対象資料を“固化”することで寸法を安定させ、永きにわたる保管と活用に耐えられるだけの強度に復する」

となる。

結晶や非晶質を生成することが最終的な目的ではないが、それぞれを意図的に生成するための理論と技術は身につけておく必要がある。

また、**“結晶化を図る”**という表現を使うことも多い。

その意味を厳密に記すならば、

「対象物を固化するために、含浸したトレハロース水溶液に含まれている固形分から固化物を得る。その固化物には結晶と非晶質が混在しているので、結晶の量比が多くなるように操作する」

となる。

“結晶化を図る”は、“固化物の全てを結晶状態にする”という意味ではない。実際上、含浸したトレハロース水溶液中の固形分全てが直ちに結晶になることはなく、必ずガラスやラバー、水溶液の状態のトレハロースが併存している。

同様に、含浸処理後の資料表面の透明度を上げるためにガラス化を図る操作（5-3-3）をしたとしても、全てをガラスにすることは不可能である。つまり、“結晶化”にしても“ガラス化”にしても、その状態に「偏向」させる操作なのである。固化するための操作によって、堅牢で安定性が非常に高い結晶を多く生成するか（反面、白色化する可能性があり表面処理が必要)、透明度が高く表面処理の必要がない程度のガラスを生成して固化するのか（反面、二水和物結晶に比べれば強度・安定性で劣る）は、対象資料の状態に合わせて保存処理実施者が判断する。端的に言えば、重要なのは対象資料を安定させるべく「固化」できるだけの「固形分」を含浸し、望ましい状態の「固化物」を得ることである。

4-3 結晶化のための３つの方法[2]

トレハロースの結晶は、その水溶液を過飽和状態にすることによって得られる。より効果的に過飽和状態にして結晶化を図るためには温度と濃度を意図的に操作（調整）する。具体的には、対象資料の状態（劣化程度）と保存処理後に管理する温度（室温・気温）条件とを鑑みて、必要な濃度までトレハロース水溶液を加熱含浸する。含浸した後、含浸槽から取り出すことで対象資料中のトレハロース水溶液の温度が下がり、過飽和分の結晶が自ずと析出する。

含浸温度は含浸濃度の値に＋10 した程度を目安にしている。例えば、濃度が 50 %Bx ならば温度は 60 ℃程度である。50 %Bx のトレハは 40 ℃程でも溶けるが、飽和状態に近く高粘度になっているので分子活性が低く、対象資料中に効果的に浸透・拡散するとは言い難い。あまりに高粘度のトレハロース水溶液に浸すと、対象資料中の水分が一方的に抽出されて変形する恐れもある。

実作業上で過飽和状態を現出するには「加熱法」・「冷却法」・「常温法」という 3 つの手法がある。この 3 つの手法の“理屈”を十分に理解し、ある時は単独で、場合によっては幾つかを組み合わせて、効果的に結晶を析出させる。

ラクチトール法では結晶工程に入ることを「スイッチを押す」と呼んでいた。この意図は、ラクチトール法において結晶化を図ることは単に温度を下げればよいのではなく、シードを与えることや結晶促進のための温度調整が必要であるため、これらの操作を保存処理実施者に意識させることにあった。トレハロース法においてはトレハロースの結晶性が高いことからシードを与えたり温度操作することは殆ど必要ないが、極めて脆弱な資料に対する場合等のために、平素からこの意識を持つことは大切である。

3つの手法について、トレハロース水溶液の温度・濃度の管理という観点から概説し、それぞれの要件を述べる。

4-3-1 加熱法

良好な結果が得られる最も容易な手法が加熱法である。加熱できる含浸槽や恒温器などを用いてトレハロース水溶液の液温を上げて必要な濃度まで含浸する。必要濃度までの含浸処理を終えたら、対象資料を含浸槽から取り出すことで温度を下げ、過飽和状態にして結晶化を図る。Figure 15はその概念図である。加熱法による含浸処理のプランを立てる際の要点は次のとおりである。

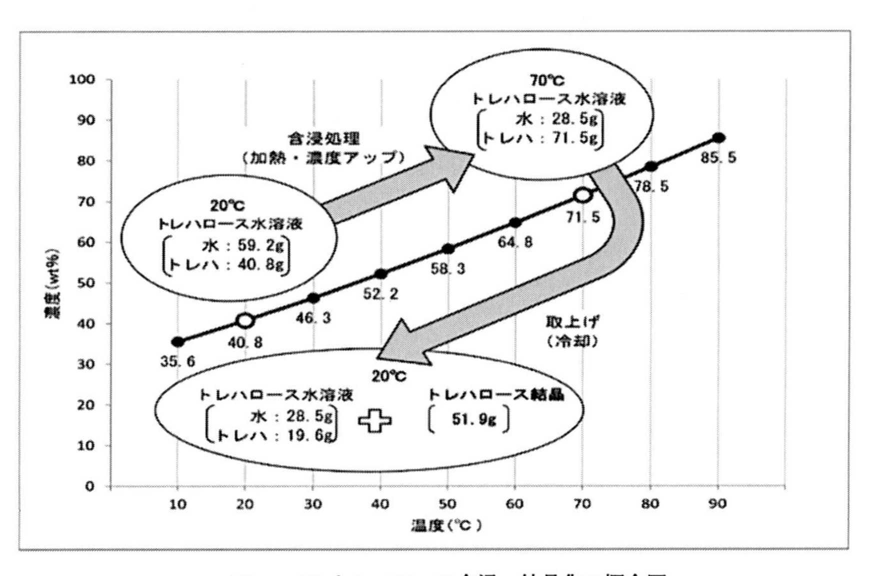

Figure 15 トレハロース含浸・結晶化の概念図

① 対象資料の状態から必要な固形分を推し量り、最終含浸濃度を決める。
② トレハロース水溶液の濃度を上げるステップ数とそれぞれの工程の期間を設定する。
③ 最終含浸濃度に到達するまでの温度上昇のプランを立てる。
④ 含浸処理中のデータ測定の項目、間隔などを設定し、主担当者を決める。

このプランに沿って液温を管理し、トレハロースを溶解して濃度を上げ、浸漬している対象資料に浸み込ませる。含浸処理中の重量やpHの変化を測定し、最終含浸濃度まで含浸を終えた後、トレハロース水溶液から取り出すことで対象資料中のトレハロース水溶液の温度が低下し、過飽和状態となって固化が始まる。つまり「スイッチ」を押したことになる。特別な場合を除いて特殊な操作は不要である。もし取り上げ後、結晶化を開始する前に何らかの作業が必要ならば「スイッチ」を押さない、つまり温度を低下させない工夫をすればよい。とはいえ、取り上げ後から変形を抑える強度が得られるまでのタイムラグは短いことが望ましい。取り上げ後の重量変化を把握することは非常に重要であるので測定を怠ってはならない。

必要な機材は、含浸槽（熱風乾燥機など加熱保温装置）、Brix（糖度）計、電子天秤（重量計）などである。濃度を上げる際の寸胴やコンロなどがあると作業性が向上する。

4-3-2 冷却法

加熱装置は使わず、常温で可能な濃度まで上げて含浸し、取り上げ後に冷蔵庫などを用いて温度を下げることで対象資料中のトレハロース水溶液を過飽和状態にして結晶化を図る手法である。

温度を下げて過飽和にすれば、一旦は過飽和の程度に見合った量の結晶が析出するが、そのまま常温に戻すと結晶は再溶解してしまうので対象資料を強化することはできない。常温に戻した後に結晶を残すには、結晶が生成されている冷却中に対象資料内の水分を必要量除去しなければならない。水分を除去したのちに常温に戻すことで、除去された水分量に見合った過飽和状態となり結晶が残存する。

この手法の場合、含浸槽などの加熱保温装置は不要だが対象資料が入る冷蔵庫などの冷却装置が必要となる。そして何よりも、冷蔵庫内で水分を除去するための手立てを講じなければならない。劣化の少ない資料の場合は補うべき固形分は少なくてもよいので適用できる可能性はあるが、汎用性が高いとは言えない。

効果的なのは、加熱法との併用である。例えば、高温下での含浸に耐えられない資料の場合、可能な温度まで上げて出来るだけ高濃度のトレハロース水溶液を含浸し、取り上げ後に冷蔵庫などで冷却する。この操作で加熱法だけの場合よりも多くの結晶が生成されるので、寸法安定性は向上する。もちろん冷却中のみの効果ではあるが、加熱法・冷却法を単独で行なうよりも安定するので選択肢として持っておくべきであろう。

4-3-3 常温法

常温下で可能な濃度までトレハロース水溶液を含浸した後、水分を必要量除去することで過飽和状態にし、結晶を得る手法である。

含浸処理の理想形ともいえる非加熱で保存処理を終了する手法であるが、高い技術と相応の設備が必要である。水分の減少に伴ってでしか結晶が得られないので、できるだけ速やかに水分を除去するための方策を講じると共に、その間に木製品を変形させないように管理するための方法、トラブルが生じた場合に対処できるだけの技術・設備も不可欠である。前述の冷却法よりも困難で大きなリスクを伴う。汎用性の高い手法ではなく、あくまでも対象資料の条件によって適用できる特殊な手法、と捉えた方がよいだろう。

4-3-4 風乾

含浸処理工程の後、必ず行なわなければならないのが「風乾」である。これは前述した3つの手法全てに共通して行なうべき重要な工程である。

具体的には、含浸槽から取り上げた直後から扇風機などの送風装置を使って対象資料に風を当てることで固化･乾燥を促すのである。風を当てることはその表面から熱や水分を奪い、いち早く表層部に結晶を生成する効果がある。また、大型品になるほど内部までの結晶化の進行に時間を要するわけだが、その間は天地返しを行ないながら継続して風乾することで良好な結果を得ることができる。ただし、風乾をどのタイミングで終えるのか、この判断が遅れると過乾燥となって対象資料が変形する恐れがあるので、重量測定を行なって正しく判断する必要がある[3]。

使用する機器は扇風機や重量計（電子天秤など）で、短時間で温度の低下を図る必要がある場合はスポットクーラーなどを用いる。

4-4 基本的な保存処理工程

加熱法を例にして、一般的な出土木製品に対する保存処理手順の概略を説明する。

① 記録・登録－実測、写真撮影、データカードへの登録。
② 脱色・洗浄－キレート剤を使用して鉄分を抽出する。湯に漬けてできる限り汚れを抜く。この際、後の菌類の繁殖、悪臭の発生を抑えるために、許される範囲で水温を上げて殺菌し、防腐剤に浸漬する[4]。
③ 含浸処理－木製品中の水分をトレハロース水溶液に置換する。一般的には20 %Bx程度から必要濃度まで含浸する。適温に加熱し、最終含浸濃度は70%Bxを少し超えたぐらいまでとする。濃度を上昇させる時は、必ず温度を上げてから濃度を上げるようにする。細かいことではあるが、含浸処理中の結晶化を防ぐために心がけておいた方がよい。

④取り上げ－トレハロース水溶液から取り出し、冷却する。表面に付着しているトレハロース水溶液はできるだけ自然に流れ落ちるようにする。特殊な場合を除き、この段階で資料表面を拭いたり、洗い流したりすることは避ける。

⑤風乾－扇風機などを用いて含浸処理後の木製品に風を当てて結晶化を促進、固化させる。木取り・形状・腐朽程度に合わせて天地返しをして、満遍なく固化するように図る。風乾中も定期的に重量測定する。重量が減少する様子をグラフ化し、一次固化から二次固化に移るタイミングを見計らって風乾を終える。

⑥表面処理－表面の付着物をスチームクリーナーなどを用いて溶解し、ペーパータオルなどで吸い取り、除去する。この時、木製品の表面を擦らないように注意する。

⑦乾燥－表面処理作業で濡れた木製品の表面を乾かすために風乾する。

⑧接合・復元－接合・復元には各種の接着剤・合成樹脂が使用できる。トレハロースで接合することも可能である。

⑥の表面処理の際に、含浸したトレハロースを溶出させないよう注意が必要である。固着物が多い時、一度に取り除こうとして長くスチームを当て続けると必要なトレハロースまで溶出してしまう恐れがあるので、⑥と⑦を繰り返しながら数度に分けて除去すると良い。

---

1 例言(7)・(8) 参照

2 伊藤幸司・藤田浩明・今津節生 2013 「ラクチトールからトレハロースへ－糖類含浸法の新展開－」考古学と自然科学 65 pp.1-13

3 3-7 参照

4 防腐剤の中には糖の結晶を阻害するものがあるので前もって確認し、適したものを使用する。

第５章 トレハロース法〜応用編

5-1 概要

トレハロース法を突き詰めていくと、「どの程度の固化物を得るのか」、「どのように過飽和にするのか」という二つに帰結すると思う。非常にシンプルで容易に取り組むことができる保存処理方法である。しかし、失敗しないということではない。**容易であるが安易と考えてはならない。**すべきことを怠っていると思わぬ落とし穴に落ちる。

・・・・・・・・・・・・・・・・・・・・・・・・・・・

卑近な例えだが、釣りをしていて思いがけず大物が釣れた時などに「釣ったの？釣れたの？」と冷やかされることがある。狙って釣ったのか、たまたま釣れたのか、という意味である。

釣り糸を垂れていたらたまたま釣れた、とまでは言わないが、トレハロース法の場合、失敗してもおかしくない事をしていても、方法・手法に問題が無かったかのように良好に保存処理が完了してしまうことが多い。これが続くと、本来行なうべきことから外れている、ということに自分では気がつかなくなる。外れた方法を続けているうちに思ったように仕上がらなくなり、失敗し始める。この落とし穴に落ちた人は、「いつもと同じようにやっているのに上手くいかない」と必ず言う。今までも「釣った」のではなく「釣れた」だけということに気がついていない。単に運が良かっただけなのに。しかし、「釣れた」ことは悪いことではない。何が問題かと言うと、「釣れた」理由を考える努力をしていないことである。釣り上手は「釣れた」時のデータを持っていて、検討・解釈してもう一匹釣るのである。

・・・・・・・・・・・・・・・・・・・・・・・・・・・

トレハロース法での保存処理が上手くいかず、変形した資料を復旧・

修復したいと相談を受けた時に一番困るのは、検討するためのデータが不足していることである。それまで簡単にできていた為に甘くみて、もしもの場合に備えていないケースが多い。

含浸処理前・中・直後・固化中の写真撮影や重量測定が絶対に必要であることは言うまでもない。含浸処理中のトレハロース水溶液の温度や濃度、対象資料の浮き沈みなどの記録が大きな意味を持っている。多数を一括して含浸処理する場合は、代表的な資料を数点選んで記録・測定するべきである。

応用編では保存処理作業中に様々な判断が求められる。その判断は、それまでに日々蓄積してきたデータと経験に基づくものである。

応用編の技術が求められるのは一般的な木製品というよりも特殊な出土資料であることが多く、資料性もより高い。よって、作業に際しては必ず"逃げ場"を用意しておかねばならない。保存処理作業中、対象資料に異常を感じたらすぐに作業を止め、一歩手前の状態に戻す手立てを用意しておく必要がある。

5-2 低濃度含浸

トレハロース法の場合、対象資料の状態が許すのならば必ずしも70 %Bx程度まで含浸する必要はない。対象資料の状態を安定させるために析出させる固化物の量は、含浸した濃度と温度操作による"過飽和の程度"によって決まる。例えば、傷み方が軽度ならば固化物の量は少なくてよいので高濃度まで含浸する必要はない。もちろん、その判断は傷み方だけではなく、木取りや樹種なども考慮せねばならない。しかし、低濃度で含浸処理を終えるということは低温での加熱に止めることができ、条件が整えば非加熱含浸も可能になるなど、その効用は大きい。

低濃度で含浸を終えるケースはふたつあり、ひとつは前記したように対象資料が健常で高濃度まで含浸する必要のないケースである。もうひとつは、対象資料が持つ材質や腐朽度などの制約から高温にすることができず、言うなれば常温法[1]に近い条件を強いられるケースである。高濃度までの含浸が必要ないならば問題ないが、変形の恐れがあるならば足らない固化物を補う工夫が必要である。

事例１　漆製品[2,3]

大坂城関連遺跡から出土する近世期の漆製品、特に漆椀の多くは下地処理などの問題から長時間 60 ℃以上で加熱すると木胎から漆膜がめくれ上がったり、脱落したりする。これを避けるために含浸温度は50～55 ℃程度までに制約され、自ずと最終含浸濃度も低くせざるを得ない。経験的に、55 ℃の液温で有効に含浸できるトレハ水溶液の濃度は 55 %Bx 程度である。しかし、木胎や漆膜の安定化を考えると55 %Bx 程度では不安が残る。これを改善するために次のような２段階の含浸方法を考案した。

基本となる含浸処理は対象資料が許容する加熱温度、例えば漆椀の場合ならば 55℃程度とし、それに見合う 55 %Bx までトレハ水溶液を含浸する。十分に含浸した後、水溶液から取り出し、高温･高濃度のトレハ水溶液に短時間含浸する。「ディッピング」である。3 分程度のディッピングであるならばほとんどの漆椀で問題が生じることはないであろう。ディッピング中の漆膜の状態を観察しながら、異常が認められなければ長めに含浸することが望ましい。

ディッピングの後、漆膜の上は高濃度トレハ水溶液がベッタリと覆うが、木胎が露出している部分は木地が見えてくることがある。これは先に浸漬含浸したトレハ水溶液と混じり合って木胎に浸透したことによる。このような現象がみられた場合は速やかにその部分をディッピングするか筆などで高濃度トレハ水溶液を塗ると良い。このように対象資料の表面全体を覆うようにディッピングを行ない、風乾して短時間で固化させる。

漆椀の基本的な保存処理工程は次のとおりである。

①トレハ水溶液55 %Bxまで含浸（通常の漆椀程度なら3～5週間程

度）(Figure 16)。濃度上昇は20 %Bx、40 %Bx、55 %Bxの3段階以上。最高加熱温度は55 ℃。

②低濃度での含浸を終えたら65～70 %Bx、70～80 ℃のトレハ水溶液に短時間漬ける（ディッピング）(Figure 17)。

③ディッピング後は必ず１～2時間程度対象資料の状態を観察する。木胎が露出している箇所などでディッピングしたトレハ水溶液が吸い込まれることがある。その場合は吸い込みが止まるまで再度ディッピングするか筆などでの塗布を繰り返す。

④風乾。重量を測定し、一次固化が終わるまで表面処理は行なわない(Figure 18)。

⑤漆膜が浮いた箇所があれば極く少量の水分を与え、鏝等の加熱装置などを用いて押さえ、固着する。

⑥漆膜を接着する必要がある場合は、木胎との間にシート状にした水溶性ポリエーテルエステル樹脂を差し込み、加熱して接着する(Figure 19)。

⑦表面に付着している固化物はスチームクリーナーを用いて加熱溶解して除去する(Figure 20)。精密なスチームを出すことができる機器が望ましい。

Figure 16　熱風乾燥機を用いた加熱含浸

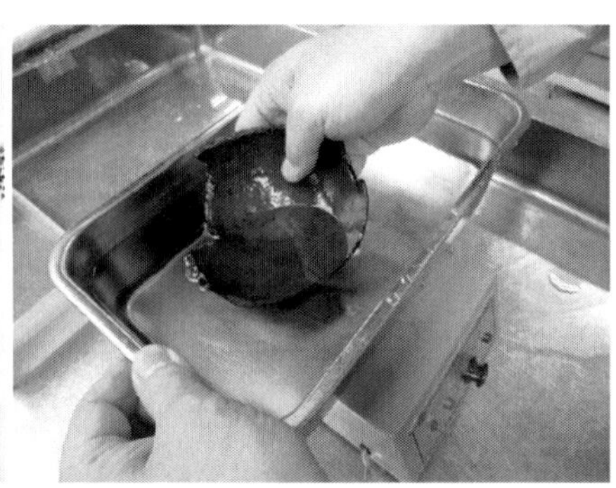

Figure 17　ディッピング

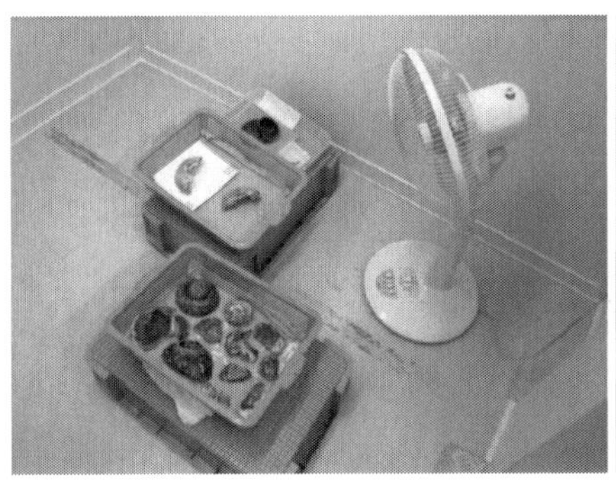

Figure 18　扇風機を用いた風乾

Figure 19　水溶性ポリエーテルエステル樹脂を用いた漆膜の接着

Figure 20　スチームクリーナーを用いた表面処理

5-3 アモルファス状態の利用

先行するラクチトール法の場合、主剤であるラクチトールの結晶形は4種類あり、条件によっては不安定な結晶である三水和物を生成し、含浸した資料を破壊してしまう。例えば、低濃度のまま常温環境で結晶化させると三水和物を生成する。逆に、85 %Bx を超えるような高濃度にしてしまうとラクチトール水溶液の活性が低下するために結晶にはならず、非晶質化する。キャンディーのようにガラス化したラクチトールで固められた木製品は良好に保存処理を終えたように見えるが、高湿度環境、例えば梅雨時期になるとその様子は一変する。ガラス化したラクチトールはごく表層で空気中の湿気を吸って再溶解をし始める。再溶解したラクチトールは低濃度であるため、三水和物結晶を生成して木製品の表面を傷め始める。このようなラクチトールの性質から「結晶＝良、非晶質＝否」という考えが定着し、含浸処理後に速やかに結晶化することを強く意識するようになった。この考え方はトレハロース法に継承された。

トレハロース法においても、基本的には多くの結晶を速やかに得ることを基本とし、その手順を踏んでいる。しかし、トレハロースには2 種類の結晶形しかなく、ラクチトールの三水和物に相当する不安定な結晶は存在しない。通常の環境下で結晶させれば最も安定した二水和物結晶が得られる。つまり、トレハロースは非晶質化してガラスやラバーの状態になって吸湿しても、析出するのは安定した二水和物結晶だけなのである。更に、トレハロースのガラスは二糖類の中でも安定性が高く、食品業界では「ダレにくい糖蜜」として多用されている[4]。これはトレハロースのガラス転移温度[5]が高いことによる。

文化財の保存処理に際しては、トレハロースの微小な結晶を密に生成することが理想的だが外観は白く見える。このため、スチームを用いるなどして表面に付着している結晶を除去することで、資料本来の色調に近づけている。対して、非晶質であるラバーやガラスの状態のトレハロースは透明度が高いので、これで固めることが出来るならば表面処理することなく資料が持つオリジナルの色調やテクスチャーを良好に残すことが可能になると考えた。

このようなトレハロースのガラス状態に着目し、表面処理を回避して保存処理を完了する手法を研究し、実用化することが出来た。

要点は次の二つである。

①含浸するトレハロース量を必要最小限にとどめる。

②トレハロース水溶液をガラスに偏向する手法で固化する。

5-3-1 トレハロースガラスとは[6,7]

前述したようにトレハロースの非晶質にはラバーとガラスという 2 つの状態がある。ラバーは流動性がある「水飴」状態であり、ガラスは流動性のない「キャンディー」状態である。一般的に糖液がラバーになるかガラスになるかは「ガラス転移温度」と「含有する水分量」で決まる。

トレハロースのガラス転移温度（119 ℃）は他の単糖類や二糖類に比べて非常に高い。ガラス転移温度が高いことはトレハロースガラスの状態の安定性が高いことを示している。非晶質トレハロースの含有水分が 0 %のとき、119 ℃以下ならばトレハロースはガラスに、119 ℃以上ならばラバーになる。含有水分が増えるとガラス転移温度は下がる。

Figure 21 は食品のガラス転移グラフ（概念図）[8]、Figure 22 はトレハロースのガラス転移曲線と水への溶解度曲線を重ね合わせたグラフである[9]。例えば、30 ℃の環境で 20 %Bx のトレハロース水溶液を加熱して水分を蒸発させると、ある温度・濃度で溶解度曲線(Solubility curve)に達して飽和状態となる。そのまま水分を蒸発させ、過飽和領域を通過させると結晶を析出し始める。この時、結晶を出さずガラス化させるためには、ごく短時間でガラス転移温度曲線(Glass transition temperature curve)を超えてガラス領域(Supersaturation and Glass state)に入るように操作しなければならない。しかし、トレハロースは起晶性が非常に優れているので結晶化に傾き易い。

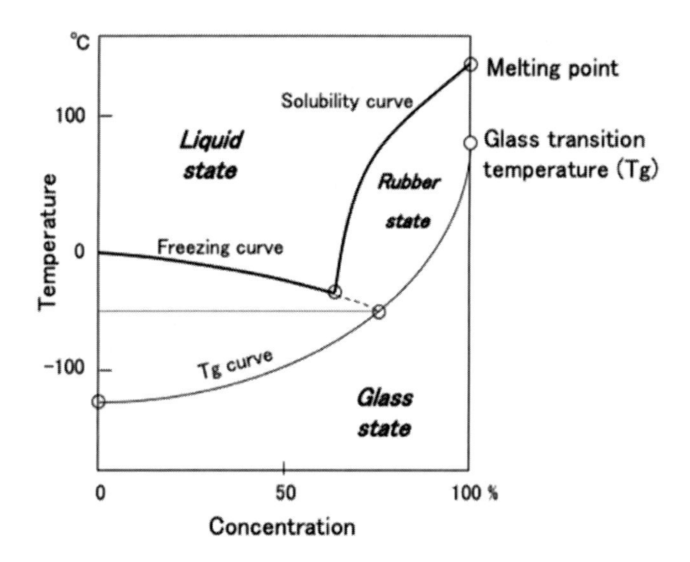

Figure 21 食品のガラス転移グラフ

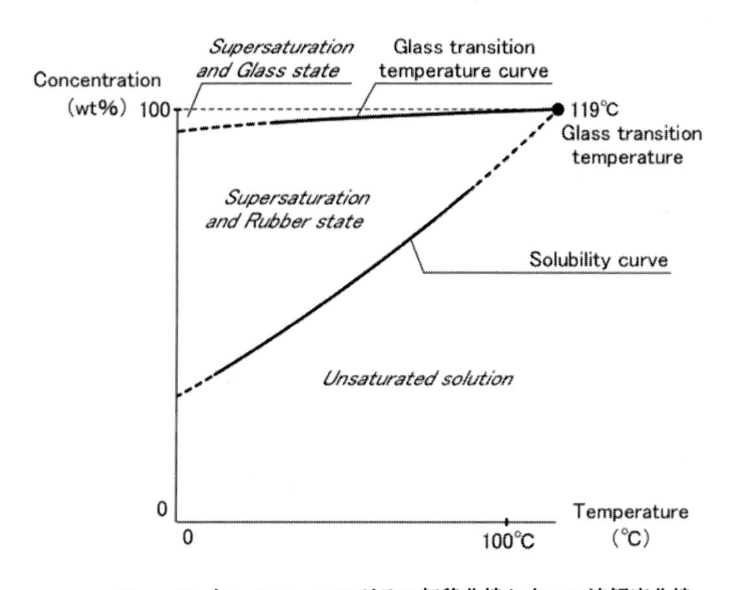

Figure22 トレハロースのガラス転移曲線と水への溶解度曲線

例えば、実験に供するためにトレハロース水溶液を加熱してキューブ状のガラスを製作することは可能だが、木材や布などに含浸したトレハロース水溶液を全てガラス化することは極めて困難、不可能と言ってもよい。

これは結晶化についても同様である。文化財の保存処理において、固化したトレハロースにはガラス・ラバー・二水和物結晶の３つの状態が必ず混在していると言ってよい。この３つの状態の量比が外観を左右するのである。

二水和物結晶にはその結晶の形によって透明に見えるもの[10]と、光の散乱によって不透明に見えるもの[11]とがある。現在のところ、文化財保存処理の固化工程で二水和物の結晶の形をコントロールして生成することは不可能であるため、意図的に透明度の高い結晶で表面を覆うことは出来ない。透明度の高いトレハロース固化物で資料表面を覆うならば、ガラス化させる他ない。

トレハロースをガラスに偏向させるためには、出来る限り短時間のうちに温度を上げて水分を蒸発させなければならない。この手法はある程度の習熟を要するが、ガラス化の技術を身につけたとしても常に繊細なテクスチャーや色彩の鮮明さを損なわずに必要な強度が得られるというわけではない。対象資料の劣化が軽度ならば補うトレハロースの固化物を少なくすることでクリアに仕上がる。しかし、傷みの程度によっては固化物を多く必要とするため含浸する固形分を増やさねばならず、増やせば資料表面を覆う皮膜が厚くなりオリジナルの鮮明さを鈍らせてしまう。つまり、外観の仕上がり具合は資料自体の劣化程度に左右される。強度を上げようとすれば外観が鈍り、外観を優先すれば強度が不足する。これは至極当然のことであり、保存処理実施者は対象資料の様子を伺いながら含浸するトレハロースの量（固形分の量）を適正に判断せねばならない。

5-3-2 トレハロースガラスの吸湿性

トレハロースガラスの利用は、その詳細な研究よりも先に実資料の保存処理に用いられた。2013 年、麻で織られた赤色の布[12]（以下、「“赤い布”」）を保存処理するために 20 %Bx 程度のトレハ水溶液を噴霧、含浸しながらヘアードライヤーを用いて加熱、短時間で水分を蒸発させた。これが意図的にガラスへの偏向を図ってトレハロースを固化した最初の例である。

対象とした“赤い布”は遺存状態が比較的良好であったので、指先で触れて強度を確認しながらトレハ水溶液を噴霧して含浸、ドライヤーで加熱･濃縮して固化した。この際、布表面への固化物の析出・付着がないように出来るだけ少量の含浸に止めたことにより、表面処理することなく保存処理を終えることができた（口絵写真 1-①、Figure 23)。含浸した全てのトレハロースがガラス化しているわけではなく、必ず二水和物結晶が共存していることは前述のとおりである。

Figure 6（3-4）に示したように、トレハロースガラスは吸湿してラバーに遷移し、更に二水和物結晶となって安定化する。このため、ガラス化することで強化した“赤い布”は比較的短期間のうちに表面で吸湿してラバー化し､更に二水和物結晶に遷移し､表面が白っぽくなって鮮明さを失うと考えていた。しかし、6 年を経過した現在までにそのような変化は生じていない。平素は室温 20 ℃･相対湿度 50 %程度の収蔵庫内に置いているが、環境を気にせず度々持ち出しているにもかかわらず処理直後の鮮明さを保っている。

この理由を調べるために、まず“赤い布”の現在の状態をマイクロスコープで観察した[13]（口絵写真 1-②、Figure 24～27)。

肉眼では艶のないマットな印象を受けるが、拡大すると繊維の表面は薄っすらとガラスに覆われており光沢がある(Figure 24)。拡大すると、ガラスだけではなく二水和物結晶が析出している(Figure 25)。更に糸の断面を観察すると、内部には非常に多くの微細な結晶が生成されていることが判った(Figure 26・27)。

次に、トレハロースガラスの吸湿、遷移を調べる実験を行ない、“赤い布”が鮮明さを失わない理由を考察するとともに、ガラス化して固めた資料を保管する際の湿度環境を検討した。

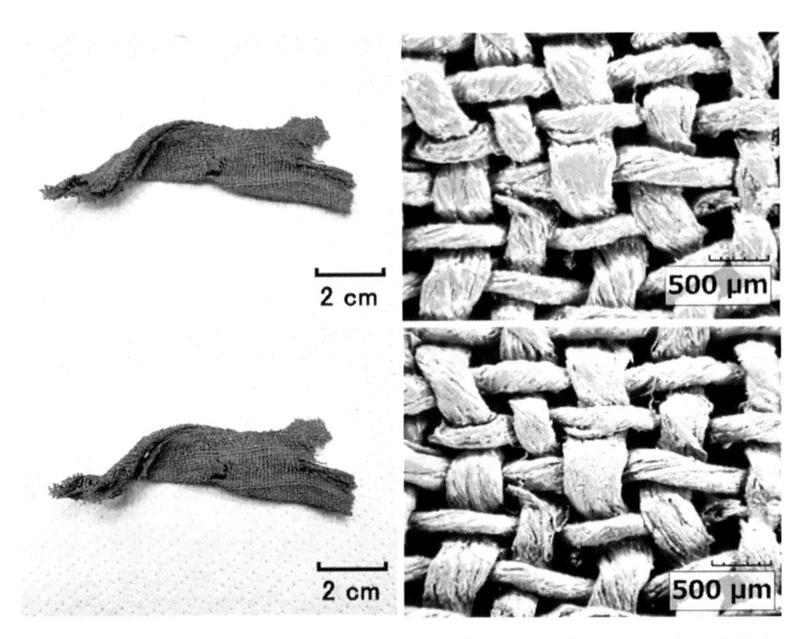

Figure 23 左上：処理前、右上：処理前拡大、左下：処理後、右下：処理後拡大

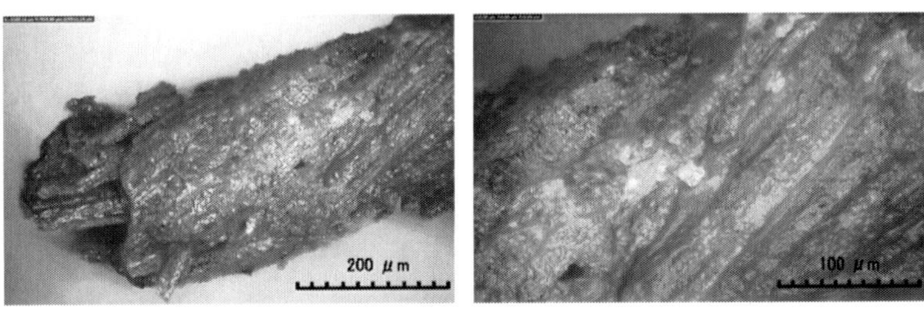

Figure 24 糸表面

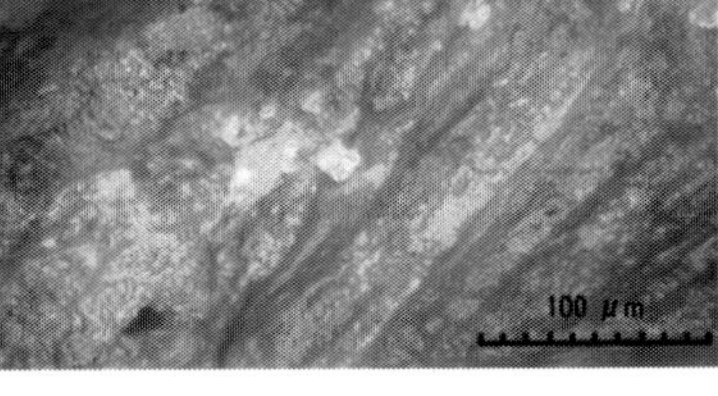

Figure 25 糸表面の結晶

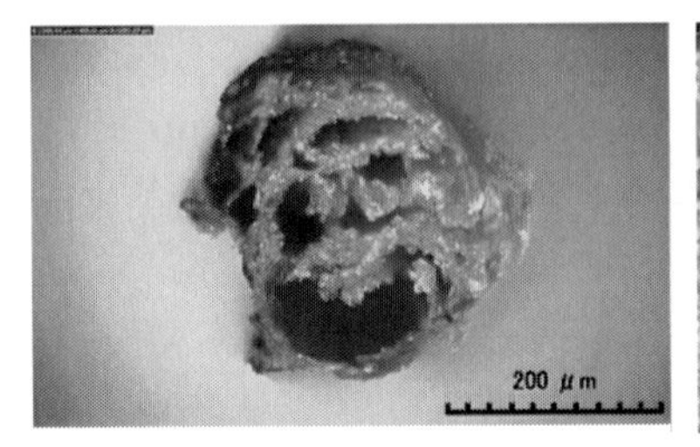

Figure 26 糸断面

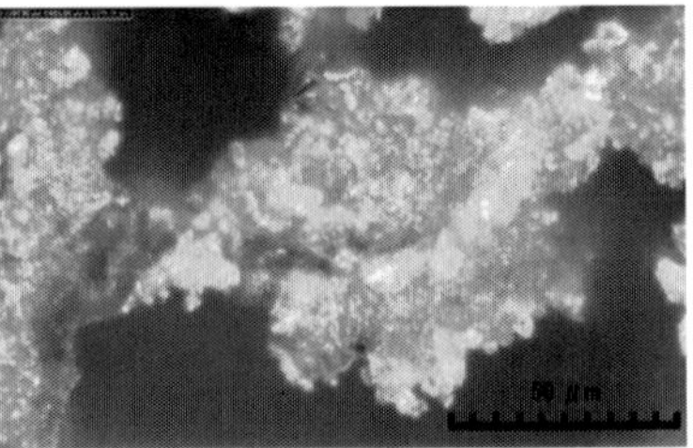

Figure 27 糸内部の結晶

実験4

目的)

トレハで作成したガラス試料(以下、「ガラスキューブ」)を用いて、環境試験機中で吸湿させて重量測定と外観の変化を記録し、吸湿に関わる挙動を把握する。

方法・条件)

試料:含有水分量6 %程度のガラスキューブを作成した[14]。

吸湿条件:環境試験機[15]を用いて30 ℃(一定)、50 %RHから開始し、1週間毎に60 %RH、70 %RH、80 %RH、90 %RHと段階的に上昇させた。試料は3個一組として湿度を上げる毎に追加し、3個の重量の平均値を求めた(順にGC01〜GC05)。

結果)

ガラスキューブの重量増加率[16]をグラフ化した(Figure 28)。

GC01に注目すると、50 %RHの環境に置いてから最初の測定(24時間後)までに0.18 %重量増加したが、その後は増加が抑えられ一定の値を示した(以下、湿度環境を変化させたことに伴う急激な吸湿を「初期吸湿」と呼ぶ)。60 %RHに上げた際も初期吸湿は見られず

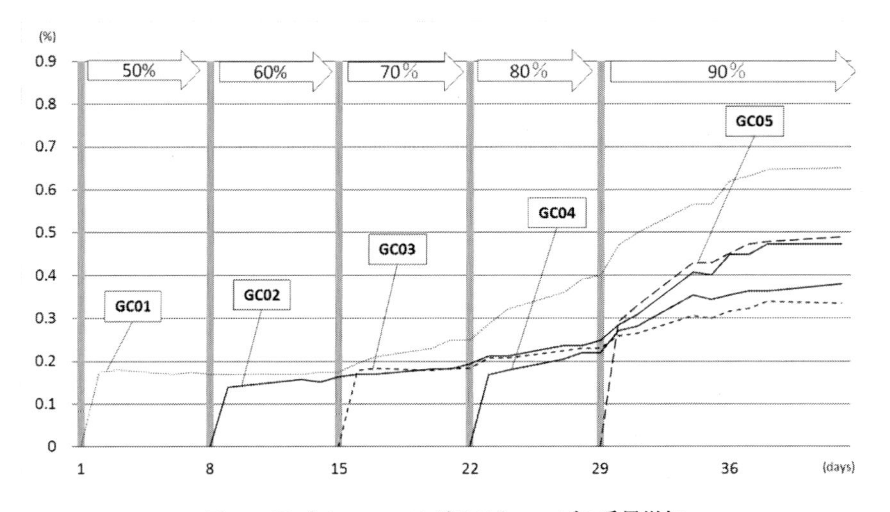

Figure 28 トレハロースガラスキューブの重量増加

一定の重量を維持していた。70 %RH になると 1 週間で 0.06 %程度重量が増加したが、やはり初期吸湿の現象は見られず緩やかに増加した。80 %RH、90 %RH では 1 週間に 0.15 %ほど重量が増加しているが、湿度を上昇させたことによる初期吸湿は生じていない。GC02～GC05 も GC01 に似た挙動を示している。

この結果からガラスキューブの吸湿の挙動を推測してみる[17]。

環境試験機内に置いたガラスキューブは初期吸湿によって表面の幾らかがラバー化し、短時間のうちに二水和物結晶に遷移して安定する。吸湿性が極めて低い二水和物結晶が表面に析出することにより、以後の吸湿が妨げられ吸湿率が低下する（以下、「吸湿阻害」）。吸湿阻害の効果は湿度環境と析出した二水和物結晶の量（密度）によって左右されると思われる。低湿度環境であれば吸湿阻害の効果は長く続くが、湿度が上昇するにつれて吸湿し、重量が増加する。そして、その吸湿に際してもガラスキューブ表面のラバー化、二水和物結晶への遷移が進行する。これに伴って外観の白色化が進む(Figure 29)。

GC01～GC05 の全てにおいて初期吸湿後の吸湿阻害効果がみられた。湿度環境が悪化してこの阻害効果を上回った場合は吸湿してラバー化するが、短時間の内に二水和物結晶となり、先に析出している二水和物結晶の空隙を埋める。このような挙動の連鎖によって恒常的な吸湿、急激な重量増加が起こらなかったものと思われる。しかし、80 %RH、90 %RH と湿度が上がるとそのバランスは崩れ始めて一定程度の吸湿が続き、ラバーから二水和物結晶への遷移が進行して外観は著しく白色化する。

このようにガラスキューブ表面での吸湿に関わる挙動は推測できる。実験の結果から解るように、吸湿が継続すればトレハロースガラスの外観は白色化することは間違いない。

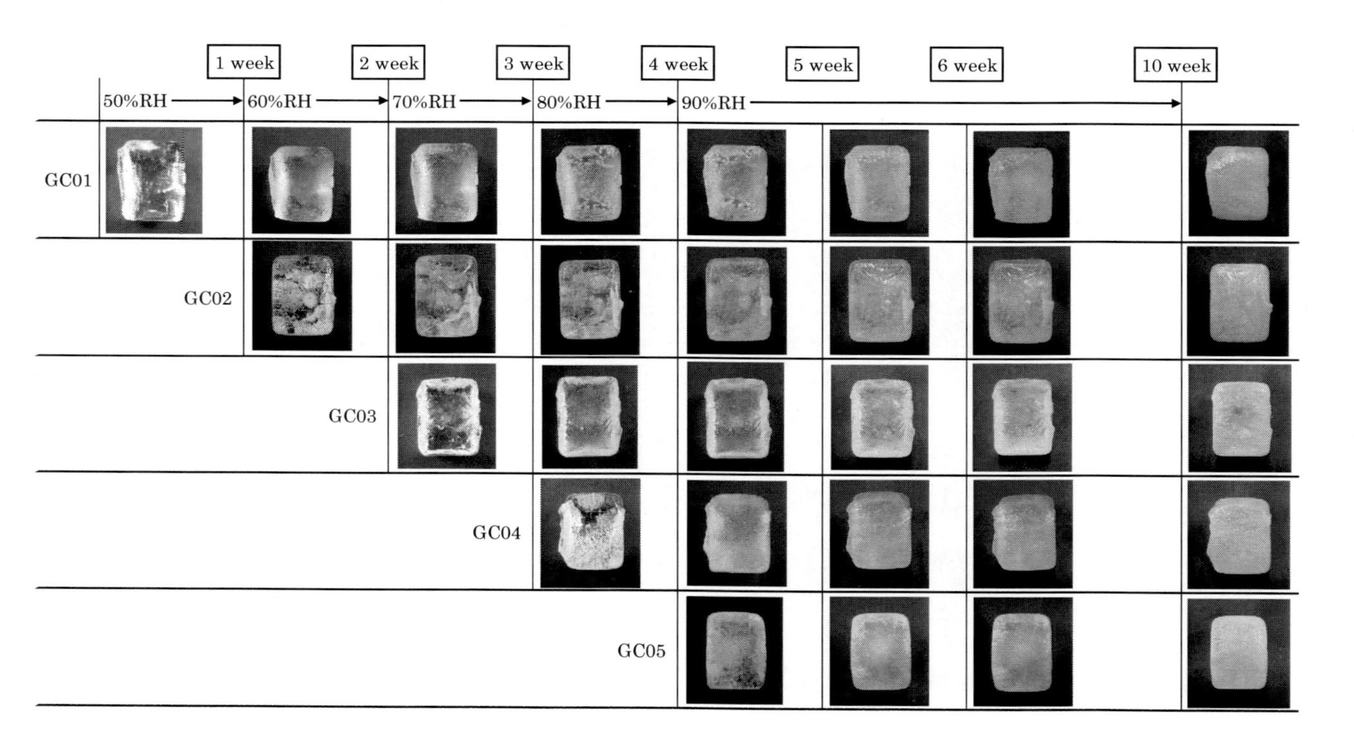

Figure 29 ガラスキューブの白色化

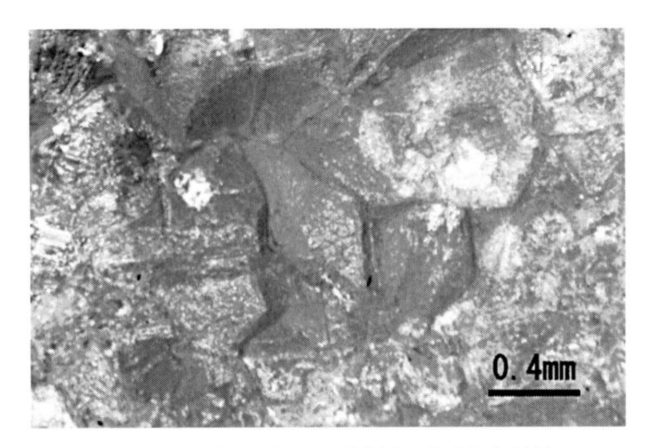

Figure 30 ガラスキューブ表面に生成した結晶

さて、“赤い布”に立ち返ってみると、糸の断面には微細な結晶が多くみられるが表面には点在する程度で、その結果、クリアな色彩を保っている。

では、糸とガラスキューブ、それぞれの表面にある結晶に着目してみよう。Figure 30[18]はガラスキューブの表面に生成した結晶である。前出の“赤い布”に付着している結晶(Figure 25〜27)とはサイズ・形状共に大きく異なる。これは結晶の生成・成長条件の差異によるものである。適度な過飽和状態にして短時間で析出させると結晶は微細となり、ゆっくり析出させると大きな結晶が得られる。このことから“赤い布”に分布している微細な結晶は、ガラスに偏向させた保存処理の過程で生成したもので、保存処理後に表面を覆っているトレハロースガラスが吸湿して生じたものではないと判断できる。

実験 5

実験 4 ではトレハ水溶液を煮詰めてガラスキューブを製作して用いたが、“赤い布”の場合はガラスや二水和物結晶が混在している。

ガラスと二水和物結晶が一定の量比で混在する試料をキューブ状に作成することは不可能であるため、現代の布を用いて“赤い布”と同様の保存処理を行なって試料に供し、観察を行なった。

目的)

ガラスと二水和物結晶が共存する布試料を作成し、初期吸湿による重量と外観の変化を観察する。

方法·条件)

試料：ガラスに偏向する手法によって固化した現代の布を試料とした。用いた布の材質は亜麻（アマ）と黄麻（コウマ、別称ジュート）で、亜麻布はリネンとして衣類などに、黄麻は粗く織って麻袋に用いられている。亜麻布は赤色と茶色、黄麻布は生成りを用いた。それぞれの布を 8×15 cm に裁断し、これらを“赤い布”の保存処理と同様の手法で固化した。これらの表面観察を行なって“赤い布”の状態を再現できていることを確認し、それぞれを 4 つに裁断して試料とした。

吸湿条件：実験 4 の結果から加湿後 24 時間以内に一定量を吸湿（初期吸湿）することが判っているため、温度 30℃（一定）、60 %RH・70 %RH・80 %RH・90 %RH の環境に 24 時間置いて吸湿を比較した。

結果)

布の重量を測定し、重量変化率を比較した(Figure 31)。

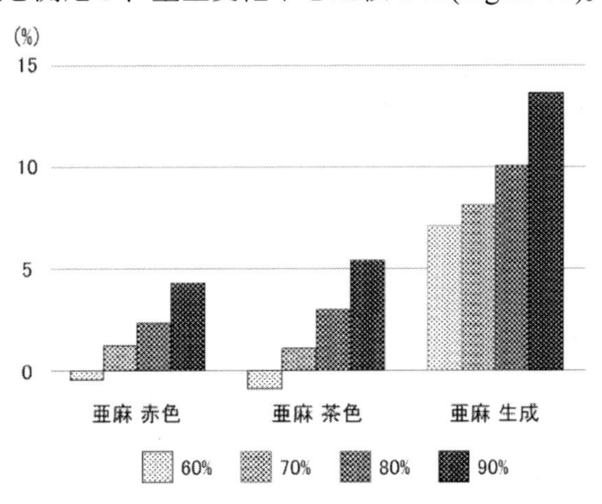

Figure 31 現代麻布の吸湿実験重量変化率

どの試料も高湿度環境に置いたものほど吸湿が多い。重量から算出した変化率は全て実験 4 のガラスキューブの重量増加率を上回った。しかし、各種類の布 4 枚を裁断する前の状態に並べて外観を比較したが、肉眼で色調の差はほとんど感じられなかった。

マイクロスコープを用いて 60 %RH と 90 %RH の環境においた布試料の糸表面と断面を観察したところ、糸表面には重量増加率を傍証するような結晶の析出は見られなかった。強いて言えば糸の内部での結晶量に差があるように見える(Figure 32・33[13])。

ガラスキューブの場合は吸湿によって表面が結晶化して白くなり、その程度は高湿度環境ほど強くなったが、布を用いた実験ではそれほどの変化は生じなかった。

実験 4 と実験 5 は目的や条件が異なるので短絡的に比較はできないが、ふたつの実験結果の差異は次のような試料状態に拠るところが大きいと思われる。

① 試料作成時の状態は、ガラスキューブはほぼ100 %がガラスだが、布試料はガラスと二水和物結晶が混在している。
② 試料表面について、ガラスキューブは平滑だが、布試料は微細な凹凸がある。
③ ガラスキューブは単体だが、布試料は布をベースにしている。

トレハロースガラスは湿度が上昇すると初期吸湿するが、二水和物結晶による吸湿阻害の効果によって急激な吸湿は抑制され、予想以上に安定性が高いことが明らかになった。

“赤い布”が当初の予想に反して 6 年を経過しても白色化せず処理直後の鮮明な状態を保っている要因について、現段階では完全には究明できていない。しかし、実験 5 の布に見られたように、初期吸湿しても繊維表面での変化が少ないことが外観上白色に見えない要因になっていると思われる。

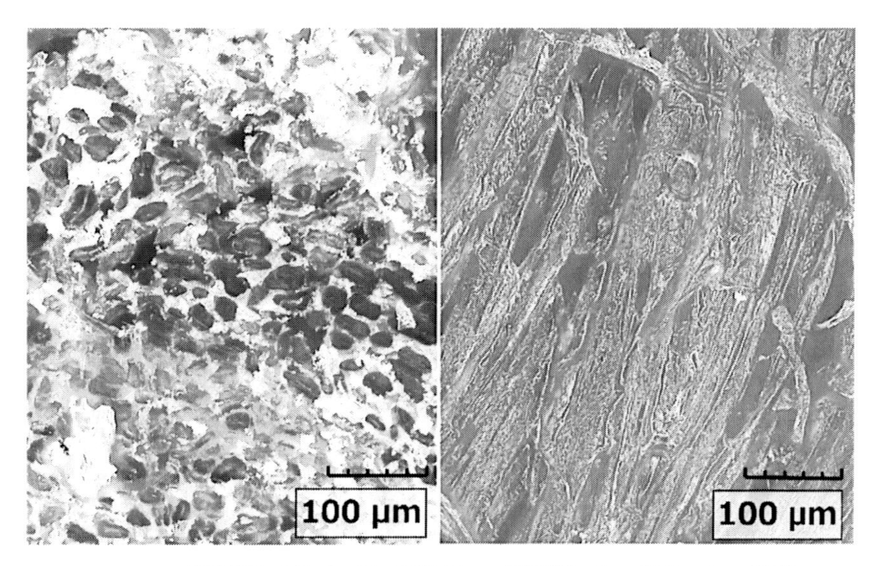

Figure 32 現代麻布赤色［30℃・60%RH・24 時間後］（左：断面、右：表面）

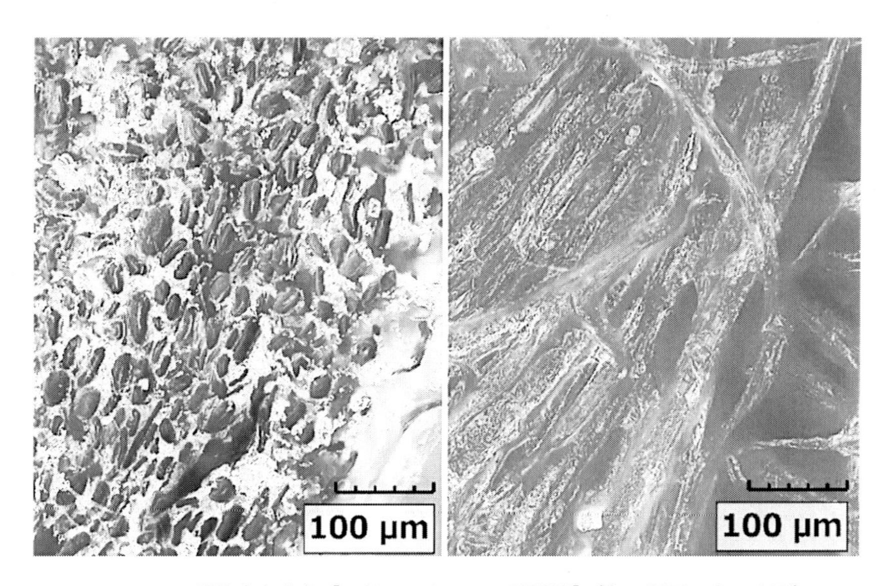

Figure 33 現代麻布赤色［30℃・90%RH・24 時間後］（左：断面、右：表面）

以上の結果から、ガラス化する手法で保存処理した資料は70 %RHを超えない環境に置くことが望ましいと言える。

5-3-3 ガラス化する手法

トレハロース法の場合、対象資料の傷み具合に応じて必要な最終含浸濃度を加減することが可能である。脆弱な遺物ほど高濃度まで含浸することが多いが、そうすれば表面に固着する固化物も多くなってしまう。布のようにテクスチャーが繊細な資料の場合、表面の固着物を除去する作業は困難で習熟を要する。資料を傷めることを恐れて十分に取り除かなければ資料の外観は損なわれる。そこで、保管・活用に耐えるだけの"最小限の含浸濃度"に抑え、含浸したトレハ水溶液を"ガラスに偏向して固化"することで透明度を上げ、表面処理を行なわず保存処理を終える手法を検討、実用化した。

トレハロース水溶液をガラスに偏向して固める手法で重要な点は、従来のように含浸薬剤を「何%まで含浸する」という考え方に捉われないことである。「何%まで含浸する」ことが重要なのではなく、対象資料に「必要な強度を与える」ことが第一義であることを明確に意識しておかねばならない。

含浸したトレハロース水溶液をガラス化して固める手法が適用できるのは限られた材質・状態の資料に対してで、一般的な木製品には適用できない。これは、

① 必要最小限の含浸濃度に止めるには、水分の放出に伴って資料自体が変形しようとする力が弱くなければならない。

② 不要な水分が資料内部に残っていない状態で固化し、保存処理を終えなければならない。

というふたつが大きな理由である。言い換えれば、トレハロース水溶液が浸み込み易く、短時間の加熱で水分が蒸発し易く、変形しようとする力が弱い、が望ましい。具体的には布・編籠・縄など、他の方法では保存処理しにくいものに対して有効である。また、木製品であっても木簡の削り屑など極めて薄く削られたものならば適用できる。

手法を端的に言えば、対象資料の強度を確認しながらトレハロース水溶液を含浸し、ドライヤーなどで加熱·濃縮した後に急冷することでトレハロースをガラス化する。これを繰り返して資料中の固形分を増やしていく。作業中の強度の確認は保存処理実施者が手・目・耳・鼻の感覚（触覚・視覚・聴覚・嗅覚）を研ぎ澄まして行なう。加熱·濃縮の操作については熱風を用いて短時間で終えることが肝要で、時間がかかれば結晶を生成してしまい[19]、逆に、急激に加熱しすぎれば資料を傷めることになる。

トレハロースをガラスに偏向して固化させる方法については、その理屈を十分に理解すると共に、ある程度経験を積むことが必要である。実資料の保存処理に当たる前に現代の布を使って練習するとよい。

含浸する手法としては資料の状態に合わせて浸漬・噴霧・滴下などを選択、組み合わせる。後述する土付きの編籠のように、対象資料全体を溶液中に沈めて浸漬含浸することが憚られる場合は、可能な部分だけを水溶液に漬け、「半身浴」のような状態で含浸する。このように様々な資料の状態に合わせて臨機応変に工夫することができるのもトレハロース法の長所である。

この手法では浸漬・噴霧・滴下共に 20 %Bx 程度のものを使用することが多いが、含浸後に加熱·濃縮するので厳密に濃度を定めても最終濃度との関連性はない。これも当然のことであるが、含浸するトレハロース水溶液の濃度が低ければ噴霧や加熱·濃縮を繰り返す回数が多くなる。反対に濃度が高いとノズルが詰まって噴霧できなくなったり、必要以上に固形分を与え過ぎて表面処理をしなければならなくなることもある(Figure 34)。実際の作業上 20 %Bx 程度が含浸し易く、加熱·濃縮するには妥当な濃さ（薄さ）であると考えている。

具体的には、含浸→加熱濃縮→含浸→加熱濃縮→・・・・・加熱濃縮を必要強度が得られるまで繰り返し、冷却→固化、という流れである（以下、一連のこの手法を「含浸-加熱-固化」と記す)。

Figure 34
固形分を与え過ぎて固化物に覆われた布表面

次に事例を紹介するが、これらはあくまでもひとつの例であり、短絡的に様々なケースをこれに当てはめてはならない。トレハロース法は資料の条件に合わせて方法・手法を工夫できることが大きな利点であり、トレハロースの特性を活かすことができる。保存処理実施者が基本を正しく理解し、様々な資料状態に合わせて方法・手法を適正に工夫すれば、適応できる対象・条件が広がり、その精度も向上する。

事例２　布 (Figure 35～37)[20,21]

一般的に布は浸透し易いので浸漬・噴霧・滴下のいずれの手法でも短時間で含浸することは可能だが、内部まで確実に浸透させるためには数時間浸漬した方が良い。その後にトレハ水溶液から取り出し、浸み込んでいるトレハ水溶液をヘアードライヤーなどで加熱･濃縮し、固化する。強度が足らない場合はトレハ水溶液を噴霧や滴下、筆で塗布するなどして補充し、再度加熱･濃縮する。必要な強度が得られるまでこれを繰り返す。含浸-加熱-固化作業を繰り返す場合に注意しなければならないことは、追加するトレハ水溶液と得られた強度の見極め、そして加熱･濃縮にかける時間である。

具体的な含浸-加熱-固化手法は、布に浸み込ませた 20 %Bx 程度のトレハ水溶液の水分を熱風で加熱して蒸発させ、トレハロースを濃縮してガラス化を図る。トレハロースをガラスにするためには、前述のように加熱・濃縮を短時間で行なう必要がある。作業は単純だがトレハロースに係る知識と、ある程度の作業経験が必要である。

前出の“赤い布”の場合は、噴霧による置換・含浸(Figure 35)、下に敷いてある吸水紙の交換（ビニールシート上で行なう場合は付着した水溶液の拭き取り）、加熱・濃縮(Figure 36)、“赤い布”に残る不要なトレハ水溶液の除去、を繰り返しながら、噴霧や筆でトレハ水溶液を追加して適量の固化物を得ることで強度を上げ、風乾(Figure 37)して作業を終えた。作業を始めてから完了するまで20分程度であるが、どの作業よりも周囲に付着しているトレハ水溶液の除去に気を配った。トレハ水溶液をそのままにすると結晶化し、対象資料に付着して結晶化を促すことになりかねないからである。特にビニールシートの上で作業する場合は周囲に付着したトレハ水溶液が直ぐに結晶化するので、細心の注意が必要である。都度交換したり拭き取ったりすることで、資料への噴霧が適正に行なえているか確認し易くもなる。

最終的に強化した布を給水紙やビニールシートから取り外さねばならないことを念頭に置いて作業を始めなければならない。布の劣化が著しく脆弱な場合など布を単体で扱うことを望まないのであれば、適したバックアップ材を用意してその上で作業して、そのまま固着させればよい。

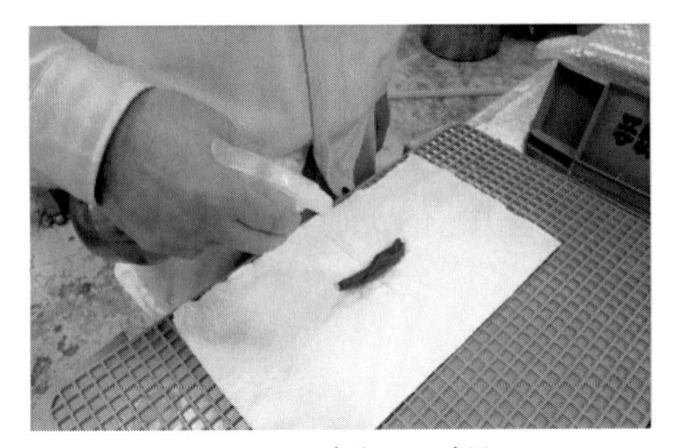

Figure 35 噴霧による含浸

Figure 36 加熱·濃縮

Figure 37 風乾

事例３　削り屑

木製品に分類される遺物の中で木簡を削った「削り屑」は特殊なものと言えよう。木簡を再利用するために墨書きした文字などを小刀で削ぎ切った際に生じた極く薄い板で、文字が残っている場合があることから資料性が高く、保存処理が求められる。従来は文字が読めるように、合成樹脂で含浸した削り屑をガラス板などの保護材に挟み込み、固める方法がとられていた。

削り屑の場合も含浸-加熱-固化の操作をすることで必要最小限の含浸にとどめて表面処理を回避し、良好な保存処理結果を得ることができると考えた。

保存処理に際して考えておかなければならないことは、最終的な形をどのような状態に仕上げるのかである。削り屑を単体で扱うのか、裏打ち材を付して仕上げるのか、透明の保護材に挟み込む方が良いのかなど、削り屑の状態、文字の有無、展示方法、取り扱い易さなどから判断せねばならない。場合によっては、含浸-加熱-固化の作業を進めながら判断した方が良いかもしれない。

対象とする削り屑が薄ければ薄いほど内部に浸透し易いので、布のように浸漬や噴霧によってトレハ水溶液を含浸することが出来る。含浸後はドライヤーを用いて加熱し、水分を蒸発させて固化を図るが、ガラスに偏向させ過ぎると透明感のある削り屑に仕上がってしまう。木の質感を損なうほどの透明感をだしてはならず、反面、結晶化を意識し過ぎると表面が白色化する。削り屑の表面状態の変化を注意深く観察しながらの作業が求められる。

他方、形状を保持するための注意も必要で、削り屑がカールしないように表裏バランスよく熱風を当てるように心がける。作業中に頻繁に削り屑を表裏反転させなければならないので、先端を薄く加工した竹製のピンセットや竹串を用意しておく。削り屑を他のものに付着させないようにすることも重要である。ペーパータオルに置いて固化作業を行なうと固着する恐れがあるので、要領を掴むまではビニールシートの上で作業した方が良いだろう。

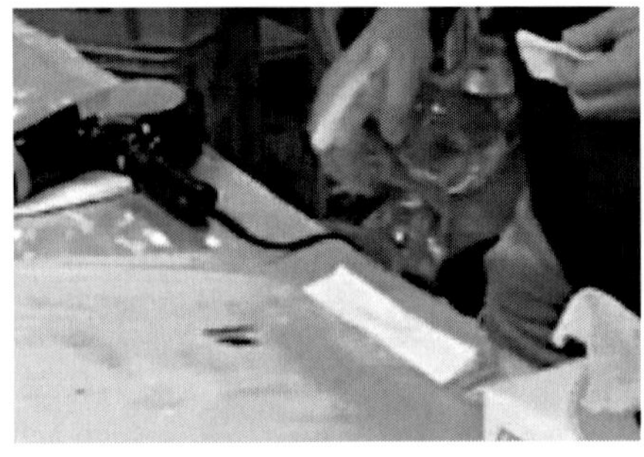

Figure 38 噴霧による含浸

Figure 39 拭き取り

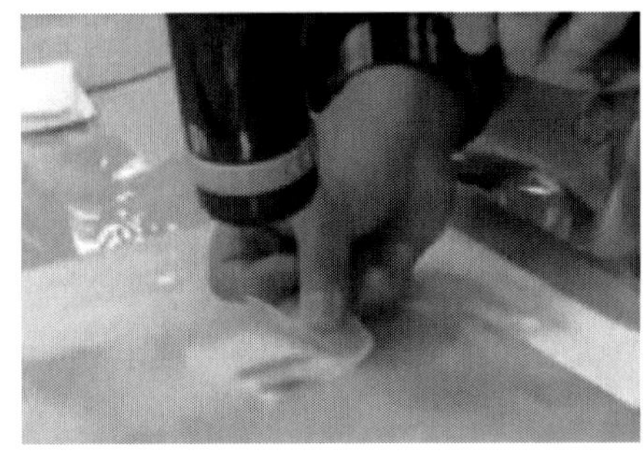

Figure 40 シルクスクリーンで保護、加熱・濃縮

Figure 41 接合後

Figure 38～41 は木簡削り屑[22]の保存処理工程である。厚手のビニールシートの上で 20 %Bx 程度のトレハ水溶液を噴霧し(Figure 38)、周囲に付着したトレハ水溶液を拭き取り(Figure 39)、ドライヤーで加熱・濃縮した。熱風を当てた時に飛ばないようにシルクスクリーンで押さえた(Figure 40)。削り屑の質感が損なわれないことを要望されたため和紙やビニールシートで裏打ちすることも考えたが、含浸-加熱-固化作業中に単体でも扱える強度が得られると判断した。作業内容は布の場合に準じるが、ガラス化し過ぎないようにゆっくりと含浸-加熱-固化を繰り返した。Figure 41 は強化したのちに接合した状態である。

事例 4　土付きの編籠[23]

強度が著しく低下した遺物や、欠損して断片的に検出された遺物など、遺構面に貼り付いた状態のまま土ごと取り上げる場合がある。いわゆる「土付きの遺物」である。土付きの場合、遺物の強化だけでなく土台となっている土･砂も一体に保存処理せねばならない。土台については度外視されがちであるが、土台が原因となって破損してしまうケースが多い。緻密な粘土質の場合、薬剤を含浸することは容易ではなく、乾燥が進むにつれて割れが生じ、遺物そのものも損なわれてしまう。いずれにせよ、土付きで取り上げた場合は、土台となっている土･砂を可能な限り薄く削ることが必要となる。具体的な保存処理方法と手順、更には展示・保管方法までを考慮し、検討した上で現場での取り上げ作業に挑むべきである。

事例として編籠[24]の保存処理を挙げる（口絵写真 2、Figure 42～44）。

保存処理手順は、

① 土台（厚さ35 mmほど）の崩れを防止するために周囲を囲うように保護材を取り付けた。

② 編籠部分への固化物の付着を避けるために、土台部分だけをトレハロース水溶液に漬ける。言わば「半身浴」である(Figure 43)。

③ 編籠部分へは土台からの吸い上げを期待するとともに、適宜20 %Bx程度のトレハ水溶液を滴下して含浸、ビニールシートなどで覆って水分の蒸発を防止した。

④ 土台部分に必要強度が得られるまでの含浸を行なった後、トレハ水溶液から取り出して土台部分を結晶化させた。

⑤ 併行して、編籠部分をドライヤーで加熱して固化を図った。削り屑と同様、表面をガラス化し過ぎないようにトレハ水溶液（20 %Bx程度）を滴下してドライヤーでの加熱具合を調整し、色調を確認しながら仕上げた。

Figure 44 は保存処理後の状態である。表面処理は籠材表面に残っていた汚れ（土･砂）と少量の固化物を取り除く程度であった。

Figure 45･46 はこの手法の概略図である。

Figure 42 編籠（処理前）

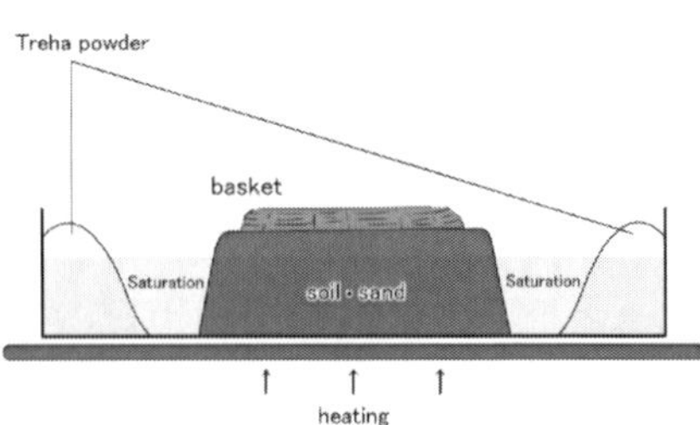

Figure 45　含浸処理工程　概略図

Figure 43 含浸処理

Figure 46　含浸濃縮、固化工程　概略図

Figure 44 編籠（処理後）

1 4-3-3 常温法参照。

2 西口裕泰・伊藤幸司・鳥居信子・今津節生・北野信彦 1999 「糖アルコール含浸法による漆製品の処理」日本文化財科学会第 16 回大会研究発表要旨集 pp.174-175

3 深瀬亜紀・金原正明・木寺きみ子・金原正子 2004 「糖アルコール含浸法の漆椀・種実類等への適用」日本文化財科学会第 21 回大会研究発表要旨集 pp.164-165

4 姫井佐恵・川口恵子・高倉幸子・横山せつ子 2014「結晶性　ガラス化能」『TREHA BOOK トレハを知り、糖を知る-洋菓子編-』 株式会社林原 pp.15

5 ガラス転移：高分子物質などで、低温では硬いガラスのような状態から、軟らかいゴム状の状態に変化する現象をガラス転移といい、その温度をガラス転移点、またはガラス転移温度という。（三省堂『化学小事典 第３版』から抜粋）

6 Koji Ito, Hiroaki FUJITA, Akiko MIYAKE, Setsuo IMAZU and Andras MORGOS 2019（未刊行） "Utilization of Amorphization: Trehalose Conservation of Vulnerable Objects" Proceedings of the 14th ICOM-CC Group on Wet Organic Archaeological Materials Conference Portsmouth 2019

7 伊藤幸司・藤田浩明・三宅章子・今津節生 2019 「トレハロース含浸処理法の展開(その 2)－ガラス状態の安定性について－」 日本文化財科学会第 36 回大会研究発表要旨集 pp.154-155

8 R.W HARTEL, Controlling sugar crystallization in food products, Food technology (Chicago), 1993, Vol 47, Num 11, pp 99-107 を(株)林原が引用改変、提供。

9 図はトレハロースの状態の概略を理解するためのイメージ図である。

10 結晶の肉眼での見え方（透明・不透明）については株式会社林原 國武博文氏から御教示を得た。単結晶：一塊の結晶のどの部分をとっても同じ向きに結晶格子がそろっているものをいう。（三省堂『物理小事典第３版』から抜粋）

11 多結晶：多くの微結晶が色々な方向をもって一つに集合した結晶。（森北出版『化学事典 第２版』から抜粋）

12 大坂城跡出土、豊臣時代。大阪市文化財協会保管。

13 Figure24～27・32・33 はハイロックス社製 RH-2000 を使用して、同社前川泰司氏が撮影した。

14 実験に供したガラスキューブは、140 ℃に煮詰めたトレハ水溶液を 20×15 mm、深さ 10 mm のキャンディー型に流し込んで冷却、固化する方法で製作した。株式会社林原 池上庄司氏の指導による。ガラスキューブは実験に供するまでの間、アルミ製の防湿袋にシリカゲルと共に密封して保管した。

15 エスペック社製 小型環境試験機 SH-222

16 日々の重量測定値／実験開始時重量×100 (%)

17 厳密にはガラスキューブ中の水分量、環境試験機の動作、重量測定や撮影の作業などによる条件のばらつきは否めない。よって今回の実験は、ガラス表面での吸湿に伴う挙動を推測する、という範疇に止めた。

18 Dino-Lite Edge 3.0 7915MZT（ANMO Electronics 社製）で撮影した。

19 川井清司 2014「糖質の結晶化とガラス化」日本結晶成長学会誌 Vol.41, No.4

20 伊藤幸司・藤田浩明・今津節生 2016 「出土木製品保存処理の省コスト化・省エネルギー化に向けた研究（その３）－トレハロース含浸処理法における含浸手法の検討－」日本文化財科学会第 33 回大会研究発表要旨集 pp.248-249

21 伊藤幸司 2017 「トレハロースで赤い布を赤いままに－文化財保存の展開と可能性－」

第21回トレハロースシンポジウム pp.24-31

22 大宰府史跡出土、奈良時代。九州歴史資料館所蔵。

23 藤田浩明･伊藤幸司･東郷加奈子･澤田正明 2013 「トレハロース含浸処理法の実用化3－縄･編み物など特殊遺物の処理事例－」日本文化財科学会第30回大会研究発表要旨集 pp.318-319

24 小竹貝塚出土、縄文晩期。富山県埋蔵文化財センター所蔵。

第６章　トレハロース法の展開

6-1 概要

トレハロース法の開発から 10 年が経ち、採用する機関も増えて保存処理の事例が蓄積されてきた。トレハロース法の有効性として、「処理期間が短くなった」、「発掘現場と掛け持ちでも無理なく保存処理できるようになった」、「諦めていた材質の保存処理ができるようになった」、「処理後の保管が楽になった」、「木製品の加工痕がよく分かる」等々、保存処理実施者・考古学者から様々な声が聞かれる。

筆者がトレハロース法の恩恵を受けていると感じることは、様々な局面での自由度が向上したことである。言い換えれば、今まで定型化され、規定されているかのように受け入れていた事柄を見直す機会が与えられた。保存処理の概念や手法だけでなく含浸処理装置から日々使用する些細な道具に至るまで、今更ながらに疑問を持って見直すと検討すべきことや改善できることが少なくないと気づかされた。

ここではトレハロースの性状を基に、新たな発想によって展開し始めた研究を紹介する。

6-2 省エネルギー、省コスト、省廃棄物へのアプローチ

近年、各方面で省エネルギー化が求められており、2011 年 3 月 11 日に発生した福島原子力発電所の事故以降は更にその要求が強まっている。文化財保存の分野も例外ではない。そこで、省エネルギー・省廃棄物・省コストに繋がる方法を検討した。

出土木製品の保存処理は使用する薬剤によって様々な含浸手法がとられているが、加熱･保温を必要とするものがほとんどで、長期間に渡る電気エネルギーの使用を余儀なくされてきた。世界的に最も普及している PEG 法はその最たるものと言える。ラクチトール法、そしてト

レハロース法はその浸透性の良さから含浸処理期間が短縮できるため他の方法に比べれば削減できているとは言うものの、加熱・保温を全て電気エネルギーに依存している事には変わりない。

この問題を解消すべく、できる限り電気エネルギーに依存せず省エネルギー化を図るために自然エネルギーの利用を考えた。自然エネルギーからイメージするのは太陽光発電であろう。しかし、太陽光発電パネル等の設備の導入費用は非常に高額で、含浸処理に使用するヒーターが消費する膨大な電力をまかない、夜間使用するために蓄電装置まで導入するとなると益々高額となり、安易に導入を検討することすら憚られる。

そこで着目したのは太陽熱の利用である。太陽熱を集熱し、熱媒体を加熱・保温して蓄熱し、含浸装置に熱を循環することで電気エネルギーを削減する。設備導入費用は太陽光発電に比べて 10 分の 1 ほどであろう。安定した電力供給が困難であるために出土木製品の保存処理を断念してきた地域・国にとって、太陽熱集熱含浸処理装置の開発は木製品保存処理実施への可能性をもたらすものである。

また、含浸処理手法を改善するために、トレハロースの浸透性の良さを鑑みて浸漬以外の手法を検討した。これまでに浸漬以外で行なわれた事例としてバーサ号やメリーローズ号などで薬剤を噴霧・含浸したことが知られているが、含浸主剤が PEG であったため長い年月を要し、また十分な含浸効果が得られないなど多くの問題を残した。しかしトレハロースの浸透性は高く、想定されるいくつかの問題をクリアすれば滴下による含浸で効果が得られると考えた。

更に、廃棄物をできる限り少なくするため、黒色化した使用済トレハ水溶液の再生利用を考えた。トレハロースは熱による分解、酸による分解が極めて低い。実際、1 年を超える長期に渡って含浸処理に使用したトレハ水溶液を調べたところ、黒色化はしていてもトレハロース自体はほとんど分解していない事が判明した。このことから、トレハ水溶液の再利用を妨げている大きな要因は黒色化であり、これを取り除く事ができれば再生利用できる可能性が高いと考えた。

以上のような3つの研究で成果が得られれば、省エネルギー・省コスト・省廃棄物につながり、これまで躊躇してきた大型出土木製品、例えば沈船の保存処理を実施に向かわせる大きな原動力となると考えた[1]。以下にそれぞれの詳細を紹介する。

6-2-1 太陽熱の利用～太陽熱集熱含浸処理システム[2,3,4]

電気エネルギーに変わる熱源として太陽熱の利用を考えた。ヒントを得たのは一般家庭の屋根に設置された太陽熱給湯器である。これは屋根の上の太陽熱給湯器に揚水し、太陽の熱で加熱して落水、蛇口から出して使用するものである。家庭用の太陽熱給湯器の場合、生活で使用する水温なので50～60 ℃を想定している。トレハロース法の場合は高温の湯が必要であることや夜間の保熱などに問題があるため、一般的な太陽熱給湯器をそのまま利用することはできない。

より高温の温水を得るために採用したのは集熱効率の高い真空管式による太陽熱集熱器（以下、「集熱パネル」）を用いる太陽熱集熱装置である。この太陽熱集熱装置は大型宿泊施設や工場の給湯システムとして一方通行の落水式で用いられているが、大規模なハウス栽培や病院などの暖房として温水を循環することも想定しており、筆者の構想に合致した。

設計段階でイメージしたのは、電気エネルギーに依るヒーターと太陽熱集熱装置からの循環温水とを併用する「ハイブリッド方式」である。循環用ポンプやシステム制御用機器への電力供給は常時必要であるし、夜間や雨天の時の熱量不足については電気ヒーターを使用せざるを得ない。しかし、晴天時に蓄えた熱によって電気ヒーターの稼動を抑えることだけでも、大幅な節電が見込めると考えた。熱交換蓄熱槽（以下、「蓄熱槽」）や含浸槽の断熱性能を上げることで、使用する電力量を従来の50 %程度削減することを目標とした。

2017年3月、設計･製作を終えた太陽熱集熱含浸処理装置の1号機を長崎県松浦市立鷹島埋蔵文化財センターに設置した[5]。

Figure 47をご覧いただきたい。

この1号機は、トレハロース法による含浸処理を実際に行ない、太陽熱による稼動状況や電気エネルギーへの依存などを検討するためのデータを得ることを目的として設計し、必要な水温計(T)・流量計(FM)・電力量計などを装備した。

太陽熱集熱含浸処理装置は、太陽光中の赤外線を真空管ガラス内の選択吸収膜を用いて熱変換して熱媒(HM1)を加熱する「集熱パネル(solar thermal collectors)」、その熱を内部の熱媒(HM2)に蓄える「蓄熱槽(heat exchanger)」、蓄熱槽によって加熱した熱媒(HM3)をパイプ内に循環して含浸処理液を温める「放熱管(heat sink)」の3つの部分から成り、各装置をコントロールする「制御装置(controller)」、機器の稼働状況を記録する「測定装置」を装備している。

1号機に用いた熱媒はすべて水である。より効率を上げるために保温性の高い熱媒も検討したが、初めての機器であることを鑑み、不測の事態が生じた場合に人や遺物、環境に与える被害を最小限に抑えるために水を採用した。

太陽熱集熱含浸処理装置と併せて使用する含浸槽(impregnation tank)を別途用意した。含浸槽には太陽熱集熱効果が低下した際に稼動する電気ヒーター(heater)と、用いた電力量を測定する装置を装備した。

太陽熱集熱含浸処理装置の有効性を大きく左右するのは集熱パネルと蓄熱槽の性能である。それぞれの概要と、稼動試験の結果は次のとおりである。

集熱パネル

太陽熱を集熱する装置には真空管方式と平板方式がある。平板方式の場合、晴天時日中の集熱効率は高いが、外気温が低下して集熱装置との温度差が大きくなると放熱が著しくなる(熱効率低下)。特に冬季はその傾向が強くなり、常時高温水を使用する今回の場合、必要とする熱量が得られない可能性が高い。よって、断熱性能に優れている真空管方式を採用した。

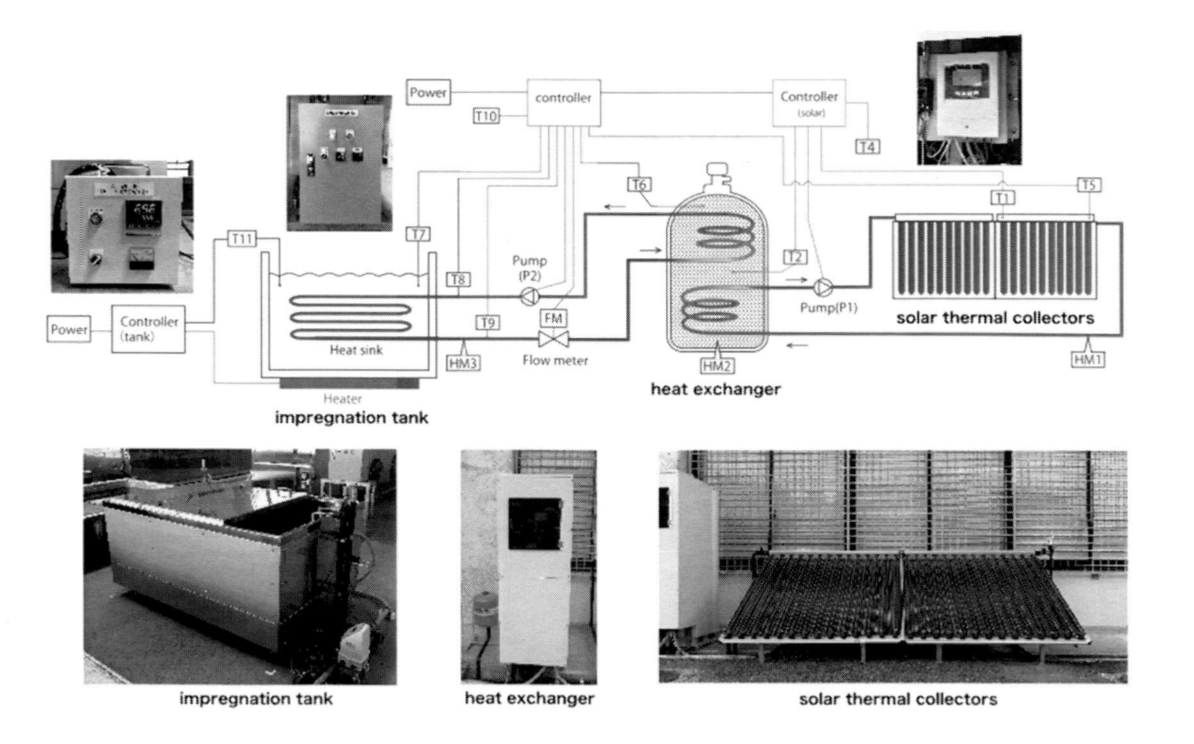

Figure 47 太陽熱集熱含浸処理装置（フロー図と主要部写真）

蓄熱槽

蓄熱槽は2つの熱交換コイル（銅製パイプ）を内蔵している。集熱パネル側コイルには、集熱パネルで温まった熱媒（HM1、水）が循環し、蓄熱槽に入っている熱媒（HM2、水、300リットル）を加熱して集熱パネルへと戻る。加熱された蓄熱槽内のHM2は、もう一方の含浸槽側コイル内の熱媒（HM3、水）を加熱する。加熱された含浸槽側コイル内のHM3は放熱管に送られ含浸槽内のトレハ水溶液を加熱し、蓄熱槽に戻る。言うなれば蓄熱槽の熱媒HM2を介した「間接熱交換方式」で、太陽熱の集熱が低下した際にも蓄熱槽に蓄えてある熱により、できる限り電気エネルギーへの依存を軽減する。外気温0℃時の蓄熱槽内熱媒HM2の熱損失をシミュレーションし、80℃からの温度降下を12時間で10℃以内に抑える性能を求め、達成されている。

稼動試験

稼動状況の一例として含浸槽温度50℃・60℃・70℃に設定した時の蓄熱槽温度、含浸槽温度および日射量[6]のグラフを示す(Figure 48)。電気ヒーターは含浸槽の設定温度（下限）を維持するように稼動する。含浸槽には水を入れた。

50℃設定のグラフを見てみると、日射量のピークに少し遅れて蓄熱槽がピーク（70℃）に達している。更に遅れて含浸槽の温度も56℃程になっている。日射量が減少して集熱パネルの熱媒の温度が蓄熱槽の熱媒の温度を下回った時点で循環ポンプ（P1）が停止する。以後は蓄熱槽中の熱媒に蓄えた熱のみで放熱管内の熱媒を加熱する。蓄熱槽の温度は一旦急激に低下するが、含浸槽の温度に接近した後は蓄熱槽と含浸槽が平衡状態を保つように緩やかに下降し始めている。このデータは2017年8月11日からの3日間という限られた期間のものではあるが、電気ヒーターは稼動していない。ヒーターの設定温度60℃、70℃のグラフの含浸槽温度の推移を見ると電気ヒーターの稼動状況がお分かりいただけると思う。当然のことながら、高濃度水溶液の含浸段階になれば高温が必要となりヒーターへの依存は高くなる。

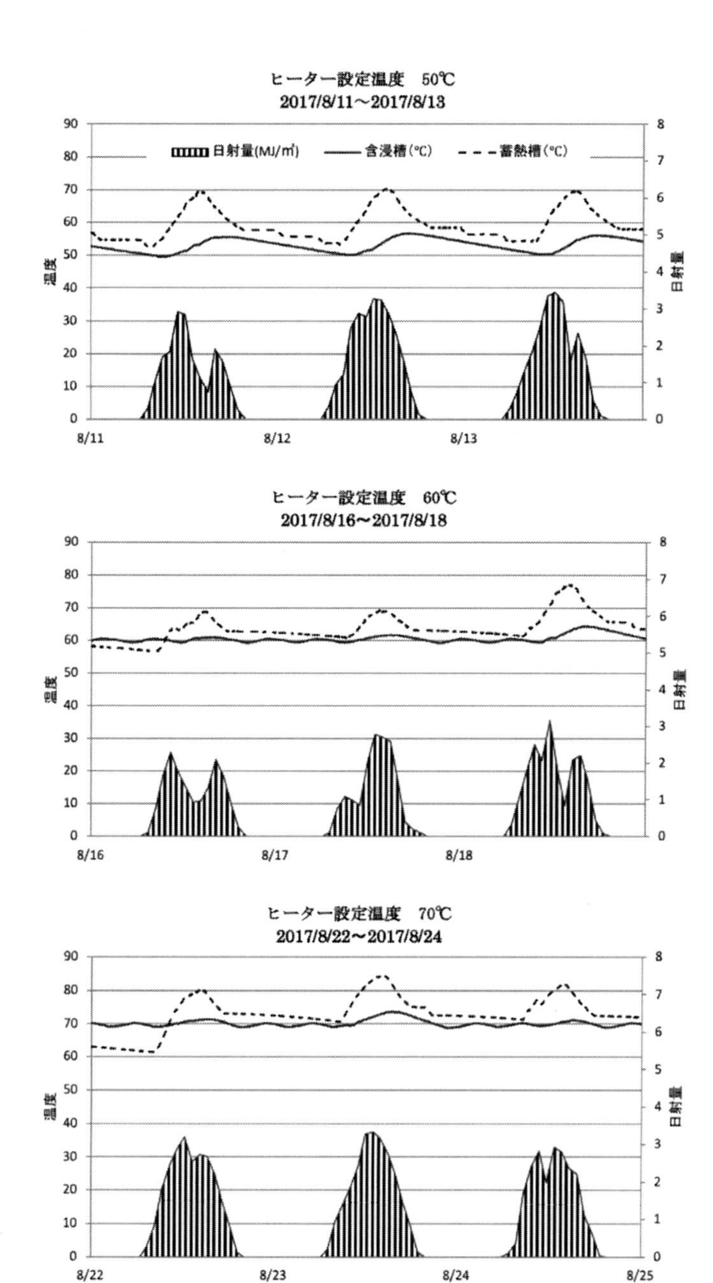

Figure 48 処理装置の稼動試験結果

とは言え、設定温度 50 ℃以下ならば電気ヒーターの稼動は極めて少ない。実際の保存処理には水よりも比熱の高いトレハ水溶液を用いていることもあり、実作業での電気ヒーターの稼動時間は含浸工程の 50 %以下に抑えられている。

6-2-2 滴下含浸の可能性[7]

従来の含浸処理工程では、対象資料を浸漬するためにステンレス槽を用いることが通例となってきた。しかし、大型木製品に対応するためには相応の大型含浸槽が必要となり、その導入経費は非常に高額に上る。この問題を解消する為、含浸槽を用いずトレハロース水溶液を滴下する手法の含浸効果を検討した。

含浸槽を用いない方法としては布や削り屑に低濃度水溶液を噴霧して含浸する手法があり、既に多用している。これは対象資料がトレハロース水溶液を浸透し易いことから可能になった手法で、低濃度のトレハロース水溶液を含浸した後にドライヤーなどで加熱・濃縮することでトレハロースの固化を図って対象資料を固める。しかし、大型木製品には同様の手法は使えず、長期に渡った高濃度までの含浸が求められる。また、高濃度のトレハロース水溶液を噴霧する場合、温度の低下に伴ってノズルの詰まりなどの問題が生じることは明らかである。この為、噴霧ではなく滴下によって含浸する実験を行ない、浸漬する含浸手法との効果を比較した。

実験６　滴下法・浸漬法の比較

目的)

トレハ水溶液を点滴して含浸させる「滴下法」と従来からの「浸漬法」の含浸効果を比較する。

方法・条件)

発泡スチロールで囲った空間内で、浸漬·滴下の２つの手法で含浸し、その重量変化から含浸効率を比較した(Figure 49･50)。

試料 : 針葉樹（スギ）・広葉樹（ケヤキ）各40×50×15mm（木口取り）

トレハ水溶液：濃度40 %Bx、液温40 ℃、滴下量　約30 ml/min
試料設置空間温度：実験6-1 約30 ℃、実験6-2 約40 ℃
重量測定：朝･夕2回
その他：滴下する試料の表面はガーゼで覆い、出来るだけ表面を均等にトレハ水溶液が流れ落ちるようにした。

Figure 49 含浸手法比較のための実験装置（全体）

Figure 50 含浸手法比較のための実験装置（浸漬・滴下の様子）

結果）

Figure 51 に実験 6-1 の実験開始から 16 日目までの重量変化率を示した。浸漬したものよりも滴下したものの方が僅かではあるが重量増加率が高い。

試料設置空間温度を 10 ℃高くした実験 6-2 でもほぼ同等の結果となった(Figure 52)。

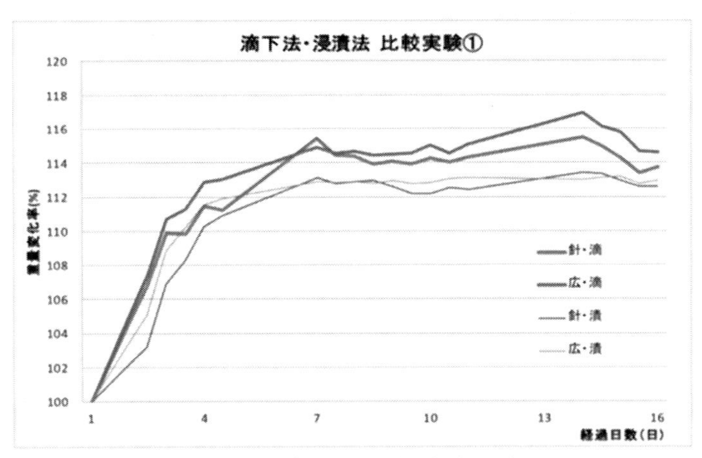

Figure 51 含浸手法比較 実験6-1結果

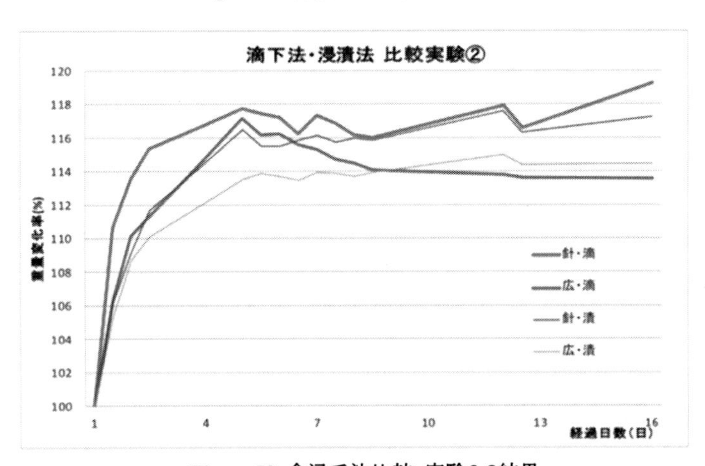

Figure 52 含浸手法比較 実験6-2結果

この実験に際して、滴下含浸は浸漬含浸に劣るだろうが最終的に同等の含浸効果が得られるならば良いと考えていた。しかし、滴下含浸は思いのほか効果的であるということが判った。対象とする資料が大きくなるにつれて様々な問題が噴出すると予想されるので、それらを把握するため、まず、小型資料の滴下含浸を想定したFigure 53の装置を製作し、保存処理実験を行なっている。

滴下含浸は“可能性”の段階である。これに限らず、沈船のような大型木製品の保存処理を効果的に実施するためには、新たな発想による装置の開発が必要である。

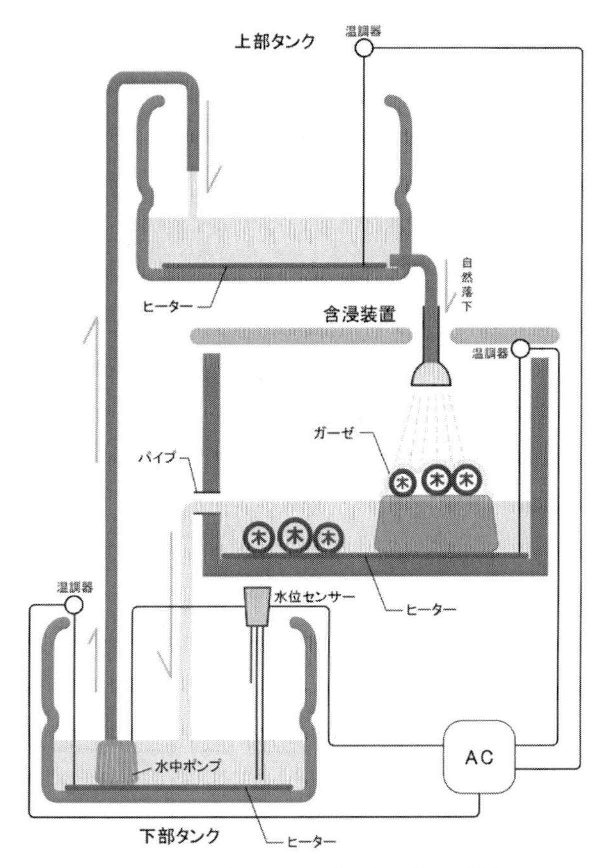

Figure 53　滴下による含浸処理装置 概略図

6-2-3 使用済廃液の再生利用[8]

トレハロースは耐熱性･耐酸性が高くほとんど分解しないという特性を持っている[9]。使用済みのトレハ水溶液を濾過して黒色化の原因である汚れを取り除くことができれば再生利用が可能になる。

この成否を分けるのは濾過の方式である。廃棄物を減らすことが第一義であるとはいえ、濾過にかかる費用や時間などの負担が大きくなると効果が薄れてしまう。具体的には、高分子側の成分を除去するフィルターを使用して液分離を行なうわけだが、最も恐れたのは除去成分による“目詰まり”である。使用済廃液を濾過して再生液と廃棄液の2つに分離する方式では立ち行かないことが想像できた。

液分離する方式を検討していたところ、内圧型の濾過フィルターを使用し、圧力をかけて循環させることで目詰まりを防ぎながら一定の分子量以下の成分を外部へ濾過抽出する「クロスフロー濾過方式」を知った。

クロスフロー濾過方式は、タンクに入れた使用済廃液をポンプで圧力をかけて中空糸膜チューブの中を通過させ、タンクに戻す。この循環をエンドレスで行ない、中空糸膜チューブを通過する際に使用済廃液から低分子成分をチューブ外に排出する。見方を代えれば、廃液から低分子成分を排出することで、より高分子成分の多い汚れた廃液に濃縮するのである。使用済廃液に圧力をかけて中空糸膜のチューブ中を循環させることで、チューブ内壁に滞留して濾過を妨げる夾雑物を吹き飛ばし、目詰まりを防ぐことができる。この方式に着目し、使用済廃液の再生実験を行なった。

実験 7　廃液の再生実験

目的)

実験用膜分離装置を使用して濾過の精度、時間と経費、再生液の分解程度を確認する。

方法・条件)

中空糸膜：次の2種類の中空糸膜を用いて濾過、分液した。
①PES膜（FUS0181　ポリエーテルサルホン　1万分画）
②PAN膜（FUY03A1　ポリアクリロニトリル　3万分画）
（いずれもダイセン・メンブレン・システムズ株式会社製）
廃液：
通常の含浸処理（出土木製品を浸漬、50～80 ℃に加熱）に1年間使用し黒色化したトレハ水溶液を 35 %Bx 程度に希釈して使用した。希釈は常温下で結晶を生成させないための措置である。
分析[10]：
実験によって得られた濾過液および濃縮液について、以下の方法で濁度・着色度を測定し、併せて糖組成の分析を行なった。

濁度：分光光度計で720 nmの吸光度を測定
着色度：420 nmと720 nmの吸光度の差を測定
糖組成分析（HPLC）：サンプルを1 %Bxに希釈し分析
（カラム：MCI-gel CK04SS double　流速：0.4 ml/min
溶離液：Water
検出：RI、温度：80 ℃、試料：20 μl　1 %Bx溶液）

結果）

Table 2に分析結果、Figure 54に外観を示す。濾過液はいずれも濁度・着色度ともに原液より低い値を示した。見た目で比較しても濾過液は明らかに透明度が増しており、再利用可能であることが分かる。また、糖組成の分析結果をみると、すべての濾過液・濃縮液がトレハロース含有量約97 %～99 %と高い値を示しており、ほとんど分解していないことが明らかとなった。

使用した実験用膜分離装置は小型のものであったが再生液の回収効率も高く、この規模で十分な実効性が得られることが分かった。

この結果を受けて、販売されている実験用膜分離装置[11]を導入、PES膜[12]を用いて処理済廃液の再生を行なった。約 1400 リットルの使用済廃液（35 %Bx程度に希釈）を分液して 1000 リットルの再生液を得ることができた。

この作業によって分液効率が著しく低下した中空糸膜チューブ１本を廃棄した。本来的に廃液の再生研究は採算性を求めるものではなかったが、廃棄した中空糸膜の価格を再生したトレハの価格が上回る結果となった。

使用済廃液の再生は省廃棄物だけでなく省コストの点からも有効であることが判ったが、全く問題がないわけではない。今後検討すべきは pH の低下である。含浸処理中のトレハは比較的早い段階で pH が下がり始め、1 年程度の使用で 3.6 程度にまで低下する。低下した pH は分液による再生では回復しない。この pH の低下が含浸処理中・処理後の対象資料、および含浸処理に用いる機器にどのような影響を及ぼすのか調べる必要がある。悪影響を及ぼすことが分かれば、何らかの方法で pH を上げる処置を考えねばならないであろう。

Table 2 廃液再生実験結果

	膜の材質	分画分子量	試料名	分析結果						
				液性		糖組成 含量(%)				
				濁度	着色度	トレハロース	グルコース	DP3	DP4	高分子
原液				0.18	0.98	97.90	1.38	0.28	0.18	0.00
	ポリエーテルサルホン	10,000	①濾過液	0.04	0.15	98.42	1.18	0.19	0.21	0.00
			①濃縮液	0.23	1.02	98.85	0.22	0.23	0.20	0.00
	ポリアクリロニトリル	30,000	②濾過液	0.05	0.25	98.04	1.55	0.22	0.20	0.00
			②濃縮液	0.64	2.51	97.44	2.12	0.27	0.18	0.00
			③濾過液	0.03	0.30	98.18	1.21	0.25	0.17	0.00
			③濃縮液	3.30	9.83	97.79	1.47	0.30	0.17	0.00

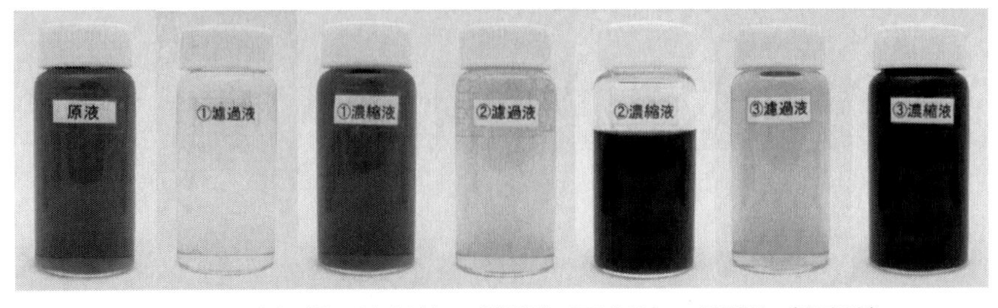

Figure 54 原液（使用済廃液）・濾過液（再生液）・濃縮液（廃棄液）

6-3 木鉄複合材への適応[13,14,15]

日本における海底遺跡として、元寇の沈船が発見された長崎県松浦市鷹島神崎遺跡（以下、「鷹島海底遺跡」）が知られている。

鷹島神崎港沖は弘安の役（1281 年）の際に元軍の船団が暴風雨により沈没した地点として伝えられており、以前から鷹島南岸では地元の漁師などによって関わる資料が引き上げられていた。本格的な発掘調査が開始されたのは 1980 年からで、船体（1 号沈船）の一部を発見し、陶磁器類・漆製品、矢束などの武器や武具類が出土した。2012 年には水中遺跡として初めて国史跡に指定された。2014 年の調査では 2 号沈船が発見された。この 2 号沈船は底部の木組みの遺存状態が良好で、船の構造を知ることができる重要な資料である。

現在までに 1 号沈船・2 号沈船の船体は引き上げられていないが、港湾工事や地元の漁師などによって発見・引き揚げられた資料があり、鷹島埋蔵文化財センターで保管、保存処理が進められてきた。

同センターには保存処理を終えた遺物の一部が展示されている。展示資料の処理後の状態を観察したところ、船材に鉄釘や鉄鋲が打たれた木鉄複合材資料に著しい劣化が見られる。PEG 法で保存処理された大イカリ(Figure 55・56)や、高級アルコール法で保存処理された挟み板(Figure 57・58)である。

海底遺跡出土の木鉄複合材資料の PEG 処理後の劣化は世界的に問題となっている。バーサ号やメリーローズ号、また、韓国木浦の海洋文化財研究所で展示されている PEG 処理済の船も鉄部分などに劣化が見られる。これは遺物中に残留する塩化物・硫化物と PEG が吸湿した水分の影響によるもので、イオン化された塩化物や硫酸によって鉄部分（硫化鉄）が腐食されて硫酸鉄となり、それに伴って PEG の分解、強酸化が進んで更に鉄を腐食する、というような腐食反応が連鎖的に生じたと考えられる。

Figure 55 大イカリ　PEG法による保存処理済

Figure 56　**大イカリ 鉄釘部分　PEG法による保存処理済**

Figure 57 挟み板 高級アルコール法による保存処理済

Figure 58 挟み板 鉄鋲　高級アルコール法による保存処理済

鷹島埋蔵文化財センター展示品の内、PEG 法によるものの劣化はこの理由と思われる。しかし、保存処理工程で脱水し、含浸した薬剤にも吸湿性が無い高級アルコール法によるものも顕著に劣化している。含浸した薬剤に吸湿性は無くても、残留している海水成分が展示・保管環境の影響によって吸湿・潮解して鉄を腐食していると考えられる。また、脱塩処理を十分に行なわず非水系アクリル樹脂で含浸処理した鉄製品の一部にも同様の現象が確認されていることから、やはり残留している海水成分と保管環境の影響が大きいと思われる。

6-3-1 糖類含浸の効果

2008 年、鷹島海底遺跡出土の矢束がラクチトール法で保存処理された。これは鏃の茎部に残る有機質を鑑みての選択だが、そのほとんどは鉄から成っている。以後、10 年以上経過したが処理後の劣化は生じていない。更に、2014 年には船材と思われる木鉄複合材遺物や矢束をトレハロース法で処理した。現在のところ外観に異常はなく(Figure 59)、X 線 CT による内部状態の調査でも処理前と処理後で変化は見られなかった(Figure 60[16])。

糖類を用いた含浸処理法が木鉄複合材に有効であることは先行するラクチトール法の開発段階からその長所の一つとして捉えており、金槌（15 世紀中頃、大阪市四天王寺境内遺跡）などに実施し、経年劣化が無いことからその有効性が実証されている。そして、鷹島海底遺跡出土遺物への実施例でも良好な状態を保っていることから、トレハロース法は海底遺跡出土の木鉄複合材遺物に有効であり、更には一般的な出土鉄製品にも適用できる可能性が高いと考え研究を開始した。

Figure 59　2014年にトレハロース処理した矢束（2018年撮影）

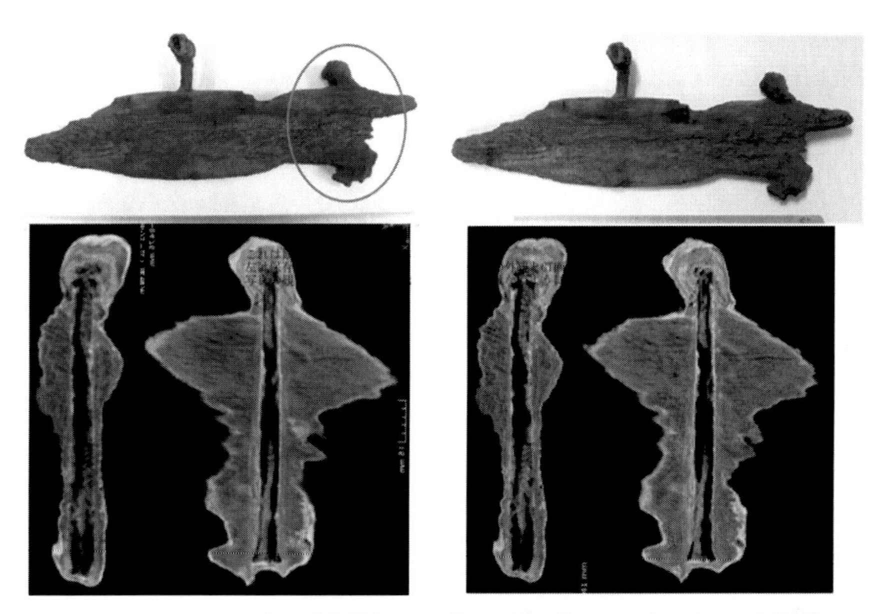

Figure 60 トレハロース処理済船材とそのX線CT画像（左：2014年、右2018年撮影）

6-3-2 二次劣化抑止の要因

用いた方法、含浸薬剤によって木鉄複合材遺物の処理後劣化の進行に差異が生じることは明らかで[17]、トレハロースを含浸した木鉄複合材遺物が良好な状態を維持していることについては幾つかの要因が考えられてきた。

第一に、二水和物結晶の吸湿性が極めて低いことが挙げられる。第二に、二水和物結晶と共存しているトレハロースガラスによる被覆効果が挙げられる。トレハロースガラスは例え吸湿しても二水和物結晶に遷移して安定し、吸湿阻害効果を上げる。

他にも幾つかの要因が考えられるが、いずれにせよそれらが複合的に作用して良好な結果が得られているということに疑義はない。しかし、筆者の心証としては、どれも決定的な効果とするには不十分で、釈然としていなかった。その理由の根本は、果たしてトレハロースの固化物が鉄部分やその周辺木部を完全に覆い、外気を遮断しているのであろうか、という点にあった。もし表面を覆うトレハロースの固化物に空隙があり僅かでも外気に晒されているならば、なぜ腐食しないのか。

想定できる要因を考えていく中で、この効果はトレハロースだけでなくラクチトールでも同様に得られていることに注目し、"鉄が腐食される要因"を再考、"糖類が持つ鉄の腐食抑制効果"を検討してみた。

6-3-3 電気伝導率と鉄の腐食

鉄の腐食という現象は電気的な挙動を伴うことが知られている。その必要条件は鉄の周りに水分(水蒸気)と酸素が存在することなので、双方が供給される地上のほとんどの地域の環境は鉄が錆びる条件を十分に満たしているといえる。文化財の保存処理に限らず、身の回りにある鉄の殆どは腐食を抑えるために水分と酸素を遮断するように加工されている。これは鉄表面で生じる電気的な挙動を抑止しようとしていることに他ならない[18]。

木鉄複合材遺物の保存処理後の吸湿に伴う電気的な挙動を調べるべ

く物質の電気伝導に着目したところ、糖類は非電解質でイオン化しない事を知った。短絡的な推論ではあるが、糖類が持つこの性質によって鉄が錆びるために必要な電気的な挙動が阻害されているのではないかと考えた。具体的には、

「保管環境が悪化して周囲の相対湿度が上昇しても鉄表面に存在するトレハロースの結晶やガラスが吸湿を一定程度までブロックする。もし吸湿が続いて資料中に残存している海水成分が再溶解したとしても、併行してトレハロースがラバー化・ガラス化するために電気的な挙動を阻害する。更に過剰に吸湿して液状化しても電気伝導の低いトレハロースが水溶液となって存在するので、やはり電気的な挙動が阻害されて腐食が進行しない」

非電解質であるというトレハロースの性質が鉄の腐食抑制にどのように影響を及ぼしているのかを調べるために幾つかの実験を行なった。

実験８　電気伝導率の測定

水溶液中のトレハロースの濃度が上がることによってその水溶液の電気伝導が低下し、鉄の腐食反応を抑制・抑止している可能性が高い。これを調べるために基礎的な実験を行なった。

目的）

トレハ水溶液の固形分量（Brix）と電気伝導率の相関性を調べ、他の溶質との差異を確認する。

方法・条件）

測定対象とする溶質は、保存処理の主剤として用いられた実績があるトレハ・蔗糖（特級試薬）・ミルヘン（ラクチトール市販品）・PEG#4000 の 4 つと、参考として身近な糖であるグラニュー糖（市販品）を加えた。溶質毎にイオン交換水で調整しながら Brix と電気伝導率を測定した。具体的には、100 cc のガラス製ビーカーに溶液を入れて加熱機能付きのスターラーで 80℃（PEG のみ 70℃）に保温して攪拌しながら、電気伝導率計[19]と Brix 計[20]で測定した。

結果）

得られた結果を溶質ごとにグラフ化した(Figure 61～65)。

トレハ水溶液の測定は数値が安定せず、繰り返し測定した。飽和濃度近くまで濃縮した溶液を希釈するという連続測定も試みたがその曲線は合致しなかった。Figure 61は濃縮・希釈しながら測定した結果である。このような挙動はトレハロースの電気伝導率が低いこととトレハの純度が高いことが影響しているらしい[21]。確かに、純度が高く、トレハに次いで電気伝導率が低い蔗糖も似たような傾向を示している (Figure 62)。しかし、双方の曲線を比べてみると、トレハ水溶液は濃縮方向よりも希釈方向の方が低く、蔗糖はその逆の傾向がうかがえる。この違いについては明らかではないが、加熱への耐性の差が現れているのかもしれない。

ミルヘンとPEGについては測定を繰り返してもばらつきが少なく、描くカーブは再現性高く合致した(Figure 63・64)。

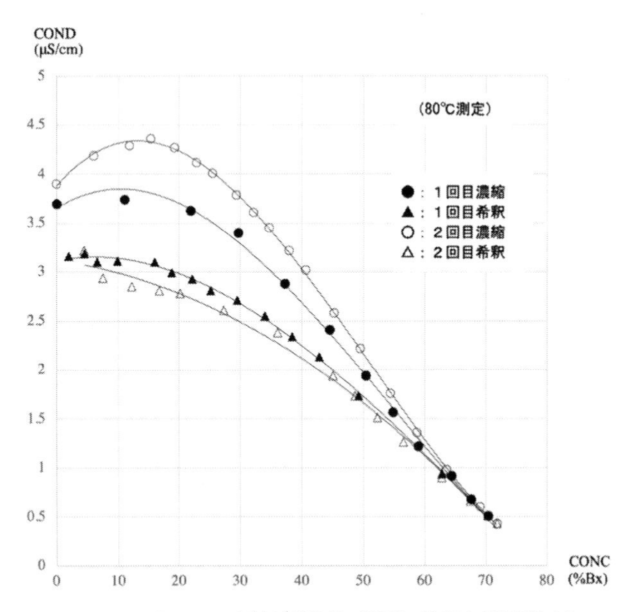

Figure 61 トレハの電気伝導率（濃縮・希釈を連続測定）

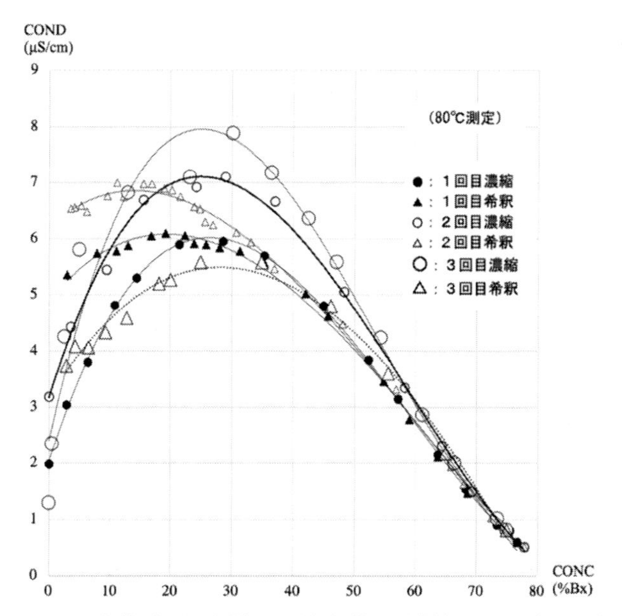

Figure 62 蔗糖（特級試薬）の電気伝導率（濃縮･希釈を連続測定）

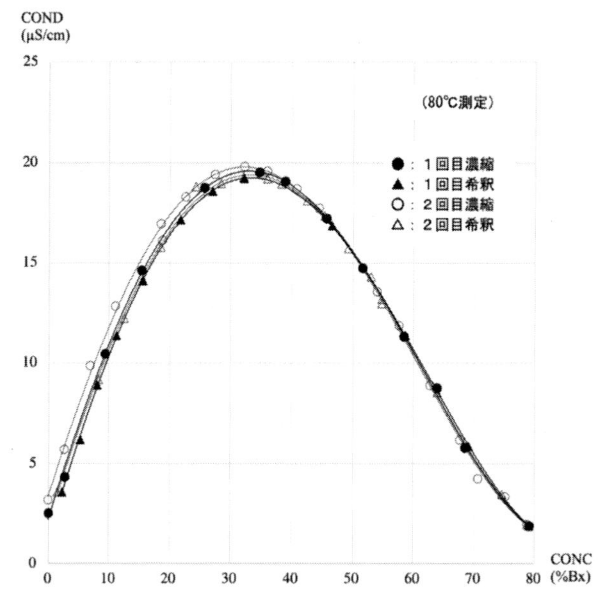

Figure 63 ミルヘンの電気伝導率（濃縮･希釈を連続測定）

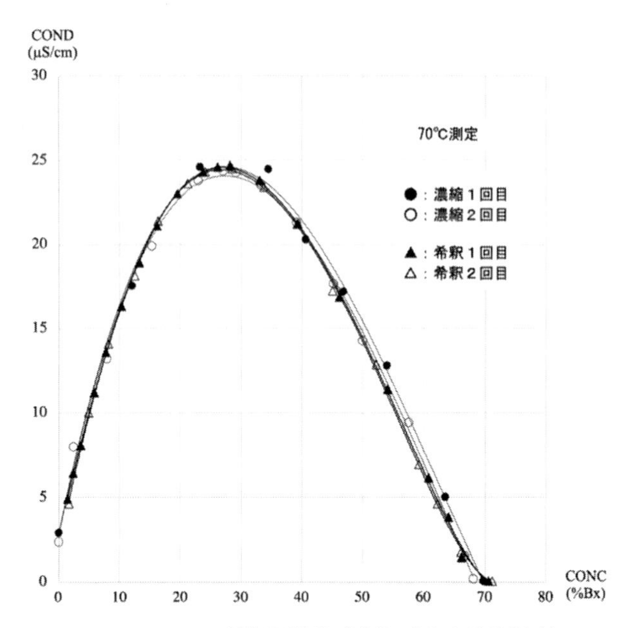

Figure 64 PEGの電気伝導率（濃縮･希釈を連続測定）

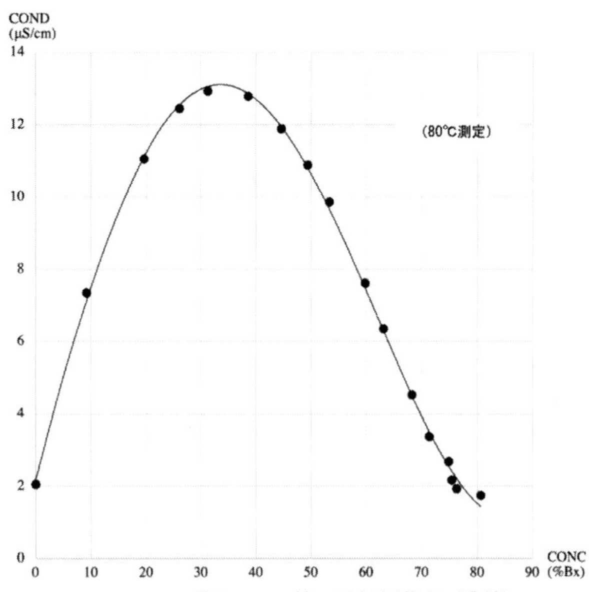

Figure 65 グラニュー糖の電気伝導率（濃縮）

次に溶質の電気伝導率を比較してみる。各溶液の濃縮方向の測定結果の中で、それぞれの中間的なデータを選択しグラフを作成した(Figure 66)。溶質によって電気伝導率に差があるが、これは溶液の粘度（拡散係数）、水分活性などに起因する可能性が高い[22]。また、溶液に占める水分量が影響しているということも考えられる。

電気伝導率に差を生じる根拠は検討を要するが、何れにせよ、測定対象とした 5 つの溶質の中ではトレハの電気伝導率が最も低いという結果であった。

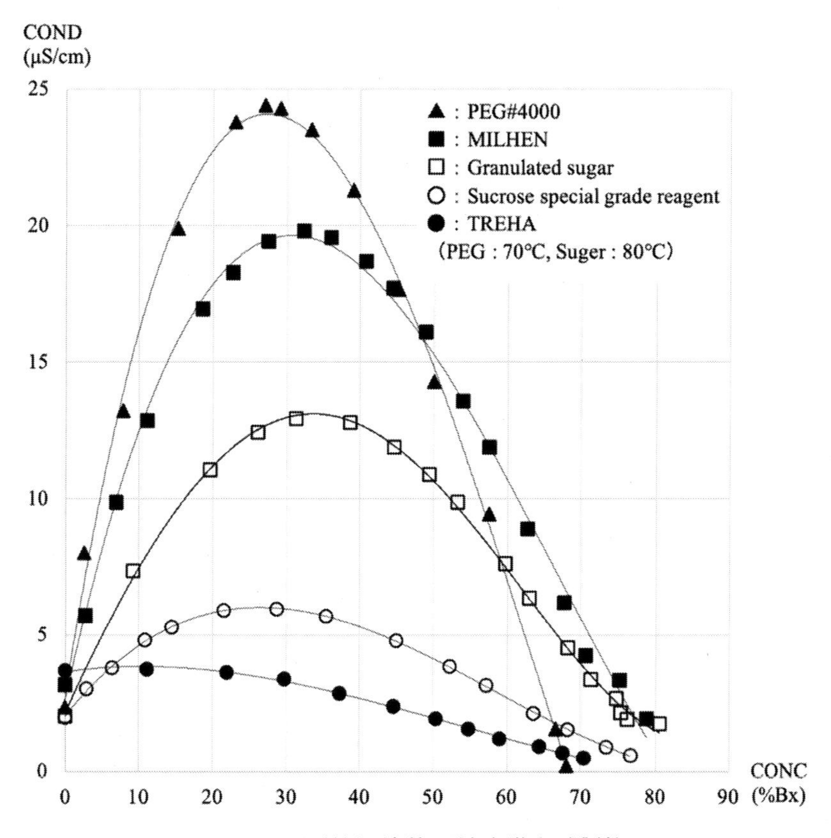

Figure 66　5種類の溶質の電気伝導率（濃縮）

実験 9　エバンスの液滴実験

鉄の腐食の進行を視覚的に知る方法として「エバンスの液滴実験」がある[23]。ここでは濃度を変えた NaCl 水溶液にトレハロースを添加したことによる腐食の抑制効果を視覚的に把握、比較するために次のような方法で実験を行なった。

目的)

NaCl とトレハロースの多寡が鉄の腐食に及ぼす影響を視覚的に観察する。

条件)

鉄：現代の鉄釘（Fe：98 wt%程度）

溶質：トレハ、NaCl

溶媒：イオン交換水

溶液：

① NaCl 1 w/w%

② トレハ 10 w/w%, NaCl 1 w/w%

③ トレハ 20 w/w%, NaCl 1 w/w%

④ トレハ 30 w/w%, NaCl 1 w/w%

⑤ トレハ 40 w/w%, NaCl 1 w/w%

⑥ NaCl 3 w/w%

⑦ トレハ 10 w/w%, NaCl 3 w/w%

⑧ トレハ 20 w/w%, NaCl 3 w/w%

⑨ トレハ 30 w/w%, NaCl 3 w/w%

⑩ トレハ 40 w/w%, NaCl 3 w/w%

方法)

10 種類の溶液をそれぞれ 100 g 用意し、1 w/w%フェノールフタレインエタノール溶液 0.07 g、ヘキサシアノ鉄（Ⅲ）鉄カリウム 0.02 g を加え、実験溶液とした。シャーレに鉄釘を 3 本ずつ接着して固定し、実験液を 50 ml 程入れて常温で静置して経過観察した。

結果)

Figure 67 は 30 分後の様子である。①･⑥はトレハロースが入って

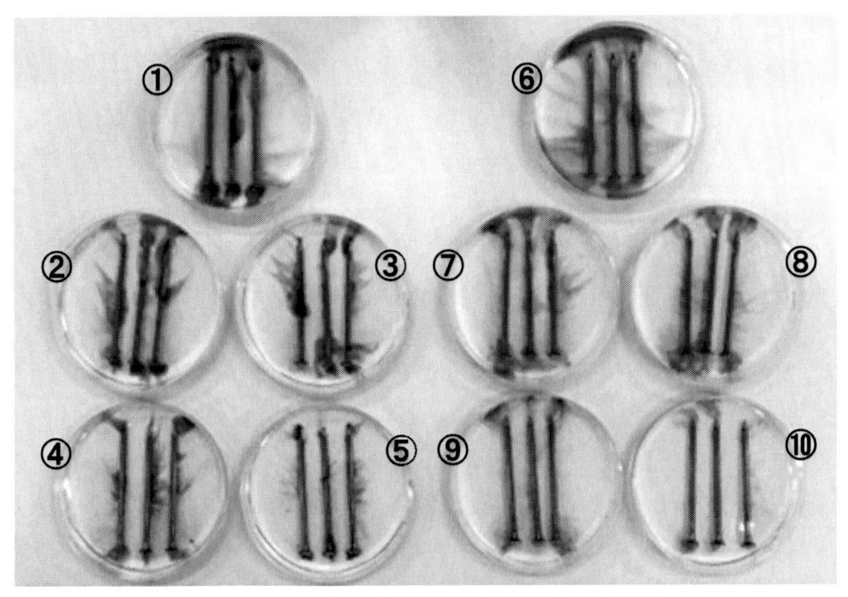

Figure 67 エバンスの液滴実験を応用した比較実験

いないため NaCl のみの挙動を示しており腐食反応が顕著である。トレハロースを添加した他のものは NaCl 1 w/w%、3 w/w%ともにトレハロースの添加量が多いものほど腐食反応が鈍い事が分かった。

実験10 鉄釘を用いた腐食実験 その1 – トレハロースとPEG

目的）

トレハロースと PEG の腐食の進行を視覚的に比較するため、現代の鉄釘を双方の水溶液に浸漬して経時変化を記録･調査する。

条件）

鉄：現代の鉄釘（Fe：98 wt%程度）

溶質：トレハ、PEG#4000、NaCl

溶媒：イオン交換水

実験溶液：

① トレハ 70 w/w%

② トレハ 70 w/w%, NaCl 0.9 w/w%

③ PEG 95 w/w%

④ PEG 95 w/w%, NaCl 0.15 w/w%

NaClの添加量は海水の濃度を想定して、イオン交換水の3 w/w%とした。鉄釘は空気に触れないように実験溶液中に完全に浸漬した。

結果)

Figure 68は5ヶ月経過後のものである。トレハを溶質とする①・②は少量の残滓(飽和溶液)があるにも関わらず鉄釘に錆は生じていないように見える。PEG#4000を溶質とする③・④は固化しているが、フラスコの底面から鉄釘を確認すると錆びており、特にNaClを添加した④の腐食は顕著である。

この実験により、トレハ水溶液とPEG水溶液では腐食の進行に違いがあることは明らかである。更に、④ではNaClの添加が鉄の腐食に大きな影響を及ぼしているが、②ではトレハロースによる腐食抑制効果はそれをも抑えているように見える。

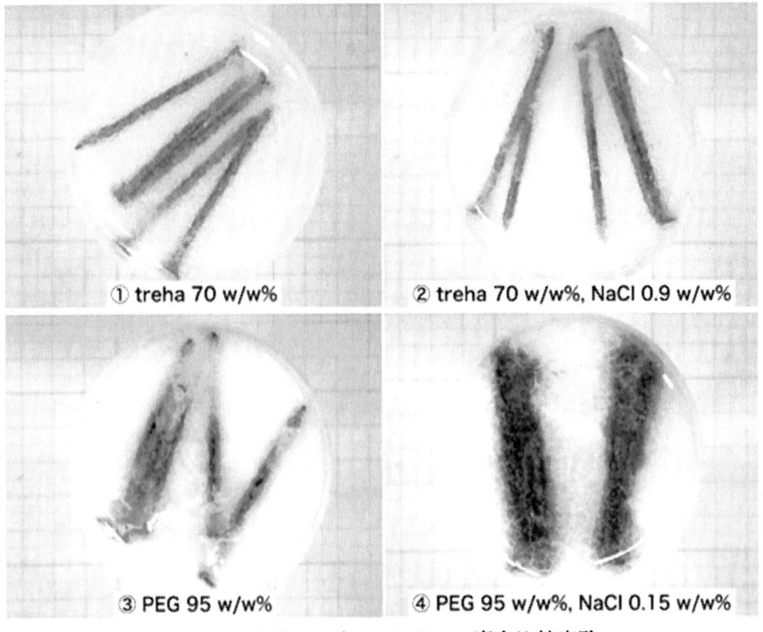

Figure 68 トレハとPEG#4000の腐食比較実験

実験11 鉄釘を用いた腐食実験 その2 – トレハロース濃度

鉄製品のトレハロース含浸処理に向けた基礎的な実験として、濃度の異なるトレハ水溶液に鉄釘の一部を浸漬し、大気中・液界面・液中での腐食の進行と生成物を比較した。

目的)

トレハロースの濃度の差が鉄の腐食反応にどのように影響するのかを調査する。

条件)

鉄：鉄釘（Fe：98 wt%程度）

溶質：トレハ

溶媒：イオン交換水

実験溶液：イオン交換水（80 ℃）にトレハ 0 %Bxから70 %Bxまで10 %Bxずつ濃度を上げた8つの実験溶液（各100 ml）を作成し、フラスコに入れて（順に①～⑧）電気伝導率を測定した後、鉄釘を立てた状態で実験溶液中に入れ自然冷却した。

結果)

Table 3 のように、実験開始時に最も電気伝導率が高かったのは②のトレハ 10 %Bx で、③のトレハ 20 %Bx、①のイオン交換水のみがこれに続いた。24 時間後の観察では、実験溶液の濁り具合も②、③、①の順であった(Figure 69)。電気伝導率は 2.16～2.41 µS/cm と大差ない値を示しているが、腐食の進行という現象面では視認できるほどの差が生じていた。

Figure 70 は①～⑥のフラスコから 1 ヶ月後に鉄釘を取り出して比較したものである。フラスコ内の溶液はどれも濁っており、鉄釘は液界面付近の腐食が著しい。

全体の傾向としてはトレハロースの濃度が高いほど鉄釘の浸漬部分の腐食は抑えられている。また、実験溶液の一部が結晶化し、飽和状態のトレハ水溶液に漬かっていた⑥の浸漬部分は腐食していないように見える。結晶化により取り出せなかった⑦と⑧も同様である。

Table 3 トレハ濃度による腐食の差異の比較実験　資料一覧

Sample Number	①	②	③	④	⑤	⑥	⑦	⑧
Treha solution conc. %(birx)	0	10	20	30	40	50	60	70
conductivity（μS/cm）	2.16	2.41	2.36	1.88	1.36	1.19	0.67	0.35

（Solvent: ion-exchanged water）

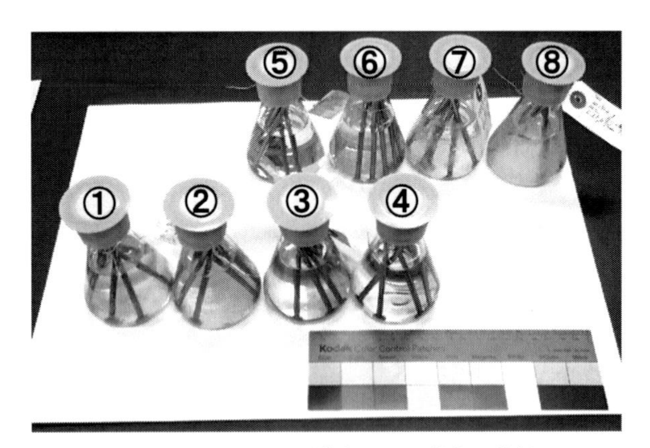

Figure 69 トレハ濃度による腐食の差異
実験24時間経過後の状態

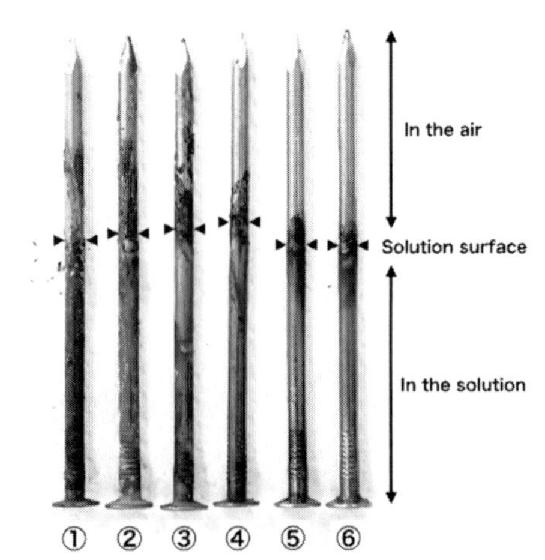

Figure 70 トレハ濃度による腐食の差異
1ヶ月経過後の鉄釘の状態

実験溶液に漬かっていた部分に注目すると、トレハを添加していない①は黒色の腐食生成物が密に表面を覆っており、②～⑤は褐色のサビが生じている。トレハの有無により、生じる腐食生成物に差が生じている可能性が高い。

2ヵ月後、①と②の錆の種類を同定するため、フラスコの沈殿物をろ過して採取し、X 線回折分析を行なった。その結果、①は主に Magnetite（磁鉄鉱）を、②は Lepidocrocite（鱗鉄鉱）を検出した[24]。

イオン交換水のみと、そこに 10 %Bx のトレハを添加したものとでは、浸漬した鉄釘に異なる腐食生成物が生じた。この実験によって電気伝導率と鉄の腐食との関連性を再確認するとともに、トレハロースを添加することによって異なる腐食生成物が生じることも明らかになった。

実験 8～11 はトレハロース含浸処理を終えた木鉄複合材資料に劣化の症状が生じていないことの原因を究明するために行なったが、トレハ水溶液中での腐食についての知見も得ることができた。

実験 8 で用いた 5 種類の溶質の電気伝導率は 20～40 %Bx の間で上昇し、高濃度になるに従って低下した。5 種類の溶質の中ではトレハの電気伝導率が最も低かった。PEG#4000 も濃度の上昇に伴って電気伝導率は低下し、68 %Bx ほどでトレハの値とクロスする。実験 10 のトレハと PEG#4000 の濃度はこの値から設定した。結果、電気伝導率が同程度であっても、鉄の腐食に与える影響はトレハと PEG#4000 で大きく異なることが明らかとなった。

トレハ水溶液中で鉄釘を腐食させる実験 11 では、低濃度のトレハ水溶液は防錆効果が低く腐食したが、飽和状態となっている水溶液中の鉄釘の腐食は抑制されているように見えた。糖の濃度・粘度・水分活性は導電阻害と一定の関連性があり、何らかの防錆効果が得られていると思われる。

これまで現象面でのみ捉えてきた鉄に対するトレハロースの腐食抑

制効果は、このような研究を継続することで、更に科学的な裏付けが得られるであろう。中でもトレハロースの濃度と電気伝導率の相関性は、今後トレハロースによる鉄製品の保存処理方法を考える上で助けになると思う。

従前から認識されているトレハロースの結晶・非晶質の性質に加えて、トレハロース水溶液の特性に関わる研究を進めることで、木鉄複合材資料の保存処理後の安定性が保たれている理由が明らかになるであろう。これと併行して、鉄製品の保存処理効果を引き出す手法の研究も重要である。有機溶剤を使用することのない保存処理方法の実用化が望ましいことは言うまでもない。トレハロースを用いる保存処理方法は、その可能性を持っていると考えている。

---

[1] Koji Ito, Hiroaki FUJITA, Setsuo IMAZU and Andras MORGOS 2016 "Saving resource by using a hybrid heating system and recycling trehalose impregnation solution by hollow membrane filters and reusing" Proceedings of the 13th ICOM-CC Group on Wet Organic Archaeological Materials Conference Florence 2016 pp.311-314

[2] 伊藤幸司・藤田浩明・今津節生 2015 「出土木製品保存処理の省コスト化・省エネルギー化に向けた研究（その１）－自然エネルギーを用いたトレハロース含浸処理法の研究－」 日本文化財科学会第32回大会研究発表要旨集 pp.258-259

[3] 伊藤幸司・藤田浩明・北村良輔・今津節生 2017 「出土木製品保存処理の省コスト・省エネルギー化に向けた研究（その４）－太陽熱集熱含浸処理装置の製作と稼動－」 日本文化財科学会第34回大会研究発表要旨集 pp.206-207

[4] 伊藤幸司・藤田浩明・三宅章子・小林啓 2018 「出土木製品保存処理の省コスト・省エネルギー化に向けた研究(その５) －太陽熱集熱含浸処理装置と含浸処理液再生装置の効果－」 日本文化財科学会第35回大会研究発表要旨集 pp.294-295

[5] 科学研究費 15H02952 による。

[6] 日射量は気象庁が HP で公開している「佐賀」の気象データを引用した。

[7] 伊藤幸司・藤田浩明・今津節生 2016 「出土木製品保存処理の省コスト化・省エネルギー化に向けた研究（その３）－トレハロース含浸処理法における含浸手法の検討－」 日本文化財科学会第33回大会研究発表要旨集 pp.248-249

[8] 伊藤幸司・藤田浩明・三宅章子 2015 「出土木製品保存処理の省コスト化・省エネルギー化に向けた研究（その２）－トレハロース含浸処理液の再生と再利用について－」 日本文化財科学会第32回大会研究発表要旨集 pp.260-261

[9] トレハは少量の不純物を含んでいるため、その不純物が分解する可能性はあるがごく僅

かである。

[10] 株式会社 林原による。

[11] ダイセン・メンブレン・システムズ株式会社製。

[12] FUS0181 ポリエーテルサルホン 1万分画、ダイセン・メンブレン・システムズ株式会社製。

[13] Koji ITO, Toshiya MATSUI, Akiko MIYAKE, Setsuo IMAZU 2019（未刊行） "The Conservation Treatment of Wood-Iron Composite Objects Excavated from Undersea Using the Trehalose Method-Study on stabilization of iron after conservation treatment" Proceedings of the 14th ICOM-CC Group on Wet Organic Archaeological Materials Conference Portsmouth 2019

[14] 松井敏也·周怡杉·伊藤幸司 2019「鷹島神崎遺跡出土処理木材に生じる鉄製品の腐食」日本文化財科学会第36回大会研究発表要旨集 pp.28-29

[15] 伊藤幸司·松井敏也·三宅章子·今津節生 2019「トレハロース含浸処理法の展開(その3)－鉄製遺物保存に向けた試行－」日本文化財科学会第36回大会研究発表要旨集 pp.156-157

[16] 遺物写真松浦市教育委員会、X線CT画像九州国立博物館提供。

[17] 保管環境による影響も大きく、劣化要因は複合的に考える必要がある。

[18] 松井敏也 2009 『考古学研究調査ハンドブック③ 出土鉄製品の保存と対応』 同成社

[19] 電気伝導率計はHORIBA製LAQUA DS-72、測定端子は3552を使用した。

[20] ATAGO社製PEN-J、PEN-1stを用いた。

[21] 株式会社林原 三宅章子氏のご教示による。

[22] 糖の濃度と①粘度、②導電阻害、③水分活性の関連について株式会社林原 山下洋氏から次のようなご教示を得た。
①粘度が濃度依存的であることは経験的にも理論的にも明らか。
②粘度を物質移動の側面で捉えると、フィックの法則の拡散係数は粘度に反比例する。すなわち、粘度が上がると物質移動はしにくくなる。溶液の電気伝導はイオンの移動なので、原則として物質拡散の法則に従う。実際、蔗糖水溶液の拡散係数と電気伝導度がほぼ同じ挙動を示すとする論文も存在する。なお、温度が上がると分子運動が活発となり、水素結合の影響が相対的に小さくなるので、粘度（導電阻害）は減少すると予想される。
③水分活性はラウールの法則に従う（水分活性＝水溶液中の水のモル分率)。厳密には「溶媒・溶質分子の液層中における分子間力が等しい」という前提がつくが、糖の水溶液で溶質・溶媒間にはたらく主な分子間力は水素結合力なので、おそらく、相当高い（40 %程度？）濃度までは上記法則の計算値に近いと思われる。なお、温度との関連は、こちらも②と同様の理由で、より理想溶液に近くなり、ラウールの法則に近づくと予想される。

[23] NaCl水溶液中の鉄が腐食するプロセスを視覚的に捉えるための実験。NaCl水溶液に鉄釘を浸漬すると、鉄の溶出（イオン化）と、鉄釘に残った電子が水分子や溶存酸素と結びつくアルカリ反応が起こる。鉄のイオン化をヘキサシアノ鉄（Ⅲ）鉄カリウムが青色、電子の挙動によるアルカリ反応をフェノールフタレインが赤色を呈することで腐食の進行具合を知ることができる。『楽しい化学の実験室』(日本化学会 1993) 参照。

[24] 分析および解析は筑波大学松井敏也教授によるものである。

第７章　おわりに

我が国における出土木製品の保存処理方法について概観し、筆者が関わってきたラクチトール法、そしてトレハロース法の研究の経緯について述べた。特にトレハロース法については主剤であるトレハロースが持っている特性によって様々な効果がもたらされ、現在もその研究、実用化は進展している。

先行するラクチトール法の有効性は実資料への保存処理で確認されていたが、その科学的な根拠が不十分であるとされ、また、三水和物によるトラブルへの不安感から評価は低かったように思う。

それに対してトレハロースは既に学際的研究が蓄積されており、他分野の成果から多くの知見を得ることができる。文化財保存分野での研究は後発の感は否めないが、この 10 年間で有効性を裏付ける科学的なデータが蓄積されてきている。

ここではまとめとして、トレハロース法の現状、取り巻く動向と、今後の期待について述べる。

トレハロースが持っている性質は文化財の保存処理に際して非常に有効で優れている。その自由度の高さから保存処理が可能となる対象の条件が大きく広がった。これからも様々な条件に適応させる研究が行なわれ、更にその守備範囲は広がるであろう。トレハロース法を展開、進展させ、精度を上げるためには、トレハロースに対する正しい理解と、柔軟な「発想力」が求められる。

今後究明せねばならないのは、トレハロースが持っている未知の部分である。現象面での効果は確認できていても、その要因が全て解明できているわけではない。

トレハロースは「不思議な糖」と呼ばれ、他分野においても未知の部分が多いことから活発な研究が継続されている。その蓄積は膨大で、全く関わらないと思われるような他分野での研究成果から、文化財分野での有効性を解釈する重要な教示を得てきた。文化財への適応を進めるためには学際的な研究協力を得ることが重要であり、食品・医薬・医療・新素材開発など、様々な分野の研究者と交流を深めることが必要である。

一方、研究成果の発信も忘れてはならない。国内は無論のこと、海外の研究者と協力し、各地の気候風土への適応研究も重要である。筆者が関わっただけでも中国・韓国・タイ・ロシア・モンゴルへの技術移転、研究協力を行なってきた。国内の学会としては日本文化財科学会・文化財保存修復学会、そして有志からなる「トレハロース含浸処理法研究会」で最新の研究成果を公開してきた。海外では Wet Organic Archaeological Materials Conference （WOAM）や、東アジア文化遺産保存国際シンポジウムなどで発表を行なってきており、今後も継続することが非常に重要である。

さて、トレハロース法を取り巻く現在の情勢に目を向けると、他の方法では限界があることを知りながらも採用に踏み切れない保存処理実施者が多いように思う。彼らがトレハロース法を試みない理由として挙げるのはトレハロース法の「実績」と「科学的な裏付け」であろう。保存処理件数という面では先行する PEG 法の実績にまで達することは容易ではないが、対象範囲を広げながら件数・精度共に積み上げてきている。特に PEG 法での保存処理を躊躇するような材質・状態の資料に対しての実績も多く、既に十分なレベルに達していると思う。科学的な研究も着々と推し進めてきており、本書でも紹介したように保存処理対象を木製品から海底遺跡出土木鉄複合材資料、そして鉄製品に広げる研究へと進展させている。現在のトレハロース法研究の実態を知れば、試みない理由を探す方が難しいのではないだろうか。より多くの方が研究に参画してくださることを希望している。

繰り返しになるが、トレハロース法は非常に単純な方法である。「トレハロース水溶液を過飽和状態にして固化させる」という根本的な理屈さえ正しく理解していれば、自由度が高く様々な応用が効く。単純であるが故に起こるべきことが必然的に起こる。是故にトレハロース法の適用範囲を広げることができたのである。

以前からトレハロース法に関わるマニュアルの作成を求められることが度々あったが、応じることはなかった。何故ならば、多くの人がマニュアルにとらわれ、様々な条件を持つ対象資料をマニュアルに書かれた限られた方法に当てはめてしまうことを恐れたからである。

今回、その意に反して本書をまとめたのは、一人でも多くの方に興味を持っていただき、研究に関わっていただき、更に文化財の保存を進展させていただくためには、まず、誰もが立ち入れる入口を用意しなければならないと感じたからである。たとえ入口が不十分であったとしても、そこから一歩踏み込んでもらう方が重要である、と。

本書は 2019 年 5 月の到達点をまとめたもので、刊行までの 1 年間で研究は更に進展している。すでに進行している大型木製品保存に関わるプロジェクトの継続、鉄製品保存へのアプローチ、過去に他の方法で保存され劣化が著しい資料の修復・回復など、研究すべき課題も山積みである。実作業からの方法･手法の評価と見直しも継続的に行なっている。皆様にはその時々の最新の研究成果を取り入れて効果的に保存処理を実施し、研究を進めていただきたい。

本書をまとめたことが、トレハロース法の「自由度の高さ」を皆様に伝え、「新たな発想」によって多くの文化財を後世に遺すことの一助となれば幸いである。

論文目録

第1章　序論

伊藤幸司･藤田浩明･今津節生 2010 「糖アルコール含浸法からの新たな展開ートレハロースを主剤とする出土木材保存法へー」日本文化財科学会第 27 回大会研究発表要旨集 pp.280-281

伊藤幸司 2016 「保存処理の動向と展望　木質遺物」 考古学と自然科学第 71 号 pp.31-51

藤田浩明･伊藤幸司･メンドバザル オユントルガ 2018 「モンゴルで出土する有機遺物の保存に向けた研究（その１）ートレハロース含浸処理法適応のための試みー」日本文化財科学会第 35 回大会研究発表要旨集 pp.296-297

伊藤幸司･藤田浩明･片多雅樹･小林啓･稗田優生･メンドバザル オユントルガ･今津節生 2018 「モンゴルで出土する有機遺物の保存に向けた研究(その２）ー出土直後の保全方法とトレハロース含浸処理法の実施ー」日本文化財科学会第 35 回大会研究発表要旨集 pp.298-299

第2章　ラクチトール法

伊藤幸司･鳥居信子 1996「糖アルコール含浸法による脆弱遺物の処理例」第 18 回文化財保存修復学会講演会大会講演要旨集 pp.64-65

今津節生･伊藤幸司･橋本輝彦 1997 「糖アルコール含浸法における乾燥工程の効率化」日本文化財科学会第 14 回大会研究発表要旨集 pp.146-147

伊藤幸司･鳥居信子･今津節生･西口裕泰 2000 「糖アルコール含浸法における処理効率の向上」日本文化財科学会第 17 回大会研究発表要旨集 pp.196-197

伊藤幸司 2003 「糖アルコール含浸法の進展と注意点」 沢田正昭編 遺物の保存と調査 クバプロ pp.74-77

今津節生･伊藤幸司･鳥居信子･山田哲也 2004 「糖アルコール含浸法の現状-処理精度の向上を図るための最新情報-」日本文化財科学会第 21 回大会研究発表要旨集 pp.160-161

伊藤幸司 2006 「糖アルコール含浸処理における固化・乾燥工程の検討－最終含浸濃度と結晶化の環境について－」日本文化財科学会第23回大会研究発表要旨集 pp.232-233

伊藤幸司・藤田浩明 2008 「糖アルコール含浸法における処理設備の改善－より安価で安全な新しい試み－」日本文化財科学会第 25 回大会研究発表要旨集 pp.338-339

第3章　トレハロース法の確立

西口裕泰・伊藤幸司・鳥居信子・今津節生・北野信彦 1999 「糖アルコール含浸法による漆製品の処理」日本文化財科学会第16回大会研究発表要旨集 pp.174-175

伊藤幸司・鳥居信子・今津節生・西口裕泰 2000 「糖アルコール含浸法における処理効率の向上」日本文化財科学会第17回大会研究発表要旨集 pp.196-197

伊藤幸司・藤田浩明 2008 「糖アルコール含浸法における固化・乾燥工程の検討（その２）－トレハロースを添加した際の結晶促進方法－」日本文化財科学会第25回大会研究発表要旨集 pp.340-341

伊藤幸司・藤田浩明・今津節生 2010 「糖アルコール含浸法からの新たな展開－トレハロースを主剤とする出土木材保存法へ－」日本文化財科学会第27回大会研究発表要旨集 pp.280-281

今津節生・伊藤幸司・アンドラス モルゴス 2011 「出土木材保存のためのトレハロース含浸法の開発－ラクチトールからトレハロースへ 糖類含浸法の新展開－」日本文化財科学会第28回大会研究発表要旨集 pp.264-265

小林啓・伊藤幸司・今津節生 2013 「X線CTスキャナを活用した出土木製品の構造解析に係る基礎研究」日本文化財科学会第30回大会研究発表要旨集 pp.312-313

東郷加奈子・伊藤幸司・藤田浩明 2013 「トレハロース含浸処理法における含浸処理後の安定化へのプロセス」日本文化財科学会第 30 回大会研究発表要旨集 pp.320-321

伊藤幸司・藤田浩明・今津節生 2013 「トレハロース含浸処理法の開発と実用化」第3回東アジア文化遺産保存国際シンポジウム要旨集 pp.244-245

坂本稔・伊藤幸司・今津節生 2014 「含浸処理された糖を除いた木材の炭素 14 年

代測定」日本文化財科学会第 31 回大会研究発表要旨集 pp.148-149
伊藤幸司・藤田浩明・小林啓・今津節生 2014 「トレハロース含浸処理法における含浸と結晶化のイメージ（その１）－X 線 CT スキャナによる含浸の可視化－」日本文化財科学会第 31 回大会研究発表要旨集 pp.316-317
伊藤幸司・藤田浩明・高妻洋成・今津節生・新井成之・三宅章子 2014 「トレハロース含浸処理法における含浸と結晶化のイメージ（その２）－木材内部の結晶化進行具合について－」日本文化財科学会第 31 回大会研究発表要旨集 pp.314-315
小林啓・伊藤幸司・今津節生 2014 「X 線 CT スキャナを活用した出土木製品の構造解析に係る基礎研究Ⅱ－保存処理後の木製品内部における処理薬剤及び水分の分布について－」日本文化財科学会第 31 回大会研究発表要旨集 pp.320-321
伊藤幸司 2015 「糖類を用いた水浸木製文化財の保存技術」冷凍第 90 巻第 1054 号 pp.25-28
Koji Ito 2016 “Resource saving by the use of an impregnation hybrid system based on solar thermal collectors Phanom-Surin” 遺跡出土沈船の保存処理に関わる国際会議招待講演要旨集

第４章　トレハロース法～基礎編

伊藤幸司・藤田浩明・東郷加奈子・澤田正明 2012 「トレハロース含浸処理法の実用化２－広葉樹材の処理事例－」日本文化財科学会第 29 回大会研究発表要旨集 pp.276-277
藤田浩明・伊藤幸司・東郷加奈子・澤田正明 2013 「トレハロース含浸処理法の実用化 3－縄・編み物など特殊遺物の処理事例－」日本文化財科学会第 30 回大会研究発表要旨集 pp.318-319
伊藤幸司・藤田浩明・今津節生 2013 「ラクチトールからトレハロースへ－糖類含浸法の新展開－」考古学と自然科学 65 pp.1-13
伊藤幸司 2016 「トレハロース含浸処理法の現状と今後の展開」保存科学研究集会出土木製遺物の保存に関する最近の動向 pp.26−29
伊藤幸司 2018（未刊行）「トレハロース含浸処理法の知識と実技－基礎と応用 これからの展開－」漢代木漆器保存技術国際検討会 揚州博物館紀要

第５章 トレハロース法～応用編

西口裕泰･伊藤幸司･鳥居信子･今津節生･北野信彦 1999 「糖アルコール含浸法による漆製品の処理」日本文化財科学会第 16 回大会研究発表要旨集 pp.174-175

伊藤幸司･藤田浩明･金原正子･今津節生 2011 「トレハロース含浸処理法の実用化－漆製品への有効性について－」日本文化財科学会第 28 回大会研究発表要旨集 pp.288-289

藤田浩明･伊藤幸司･東郷加奈子･澤田正明 2013 「トレハロース含浸処理法の実用化 3－縄･編み物など特殊遺物の処理事例－」日本文化財科学会第 30 回大会研究発表要旨集 pp.318-319

伊藤幸司 2013 「トレハロース含浸処理法における漆器保存のプロセス」第１回出土木漆器保護国際学術検討会論文集 pp.79-83

伊藤幸司・藤田浩明・今津節生 2016 「出土木製品保存処理の省コスト化・省エネルギー化に向けた研究（その３）－トレハロース含浸処理法における含浸手法の検討－」 日本文化財科学会第 33 回大会研究発表要旨集 pp.248-249

Setsuo Imazu, Koji Itoh, Andras Morgos, Hiroaki Fujita 2013 "The rapid trehalose conservation method for archaeological waterlogged wood and lacquerware" Proceedings of the 12th ICOM-CC Group on Wet Organic Archaeological Materials Conference Istanbul 2013 pp.111-117

伊藤幸司 2017 「トレハロースで赤い布を赤いままに－文化財保存の展開と可能性－」 第 21 回トレハロースシンポジウム pp.24-31

伊藤幸司･三宅章子･赤田昌倫 2017 「トレハロース含浸処理法の展開－非結晶状態の利用－」 日本文化財科学会第 34 回大会研究発表要旨集 pp.214-215

Koji Ito, Hiroaki FUJITA, Akiko MIYAKE, Setsuo IMAZU and Andras MORGOS 2019 （未刊行） "Utilization of Amorphization: Trehalose Conservation of Vulnerable Objects" 14th Group on Wet Organic Archaeological Materials Conference Portsmouth 2019

伊藤幸司･藤田浩明･三宅章子･今津節生 2019 「トレハロース含浸処理法の展開(その２）－ガラス状態の安定性について－」 日本文化財科学会第 36 回大会研究発表要旨集 pp.154-155

第6章　トレハロース法の展開

今津節生·中田敦之·高妻洋成·伊藤幸司·藤田浩明·小林啓 2012 「鷹島沖海底遺跡出土木製品へのトレハロース含浸法の適応－基礎的な実験結果について－」 日本文化財科学会第29回大会研究発表要旨 pp.296-297

伊藤幸司・藤田浩明・今津節生 2015 「出土木製品保存処理の省コスト化・省エネルギー化に向けた研究（その１）－自然エネルギーを用いたトレハロース含浸処理法の研究－」 日本文化財科学会第32回大会研究発表要旨集 pp.258-259

伊藤幸司・藤田浩明・三宅章子 2015 「出土木製品保存処理の省コスト化・省エネルギー化に向けた研究（その２）－トレハロース含浸処理液の再生と再利用について－」 日本文化財科学会第32回大会研究発表要旨集 pp.260-261

伊藤幸司・藤田浩明・今津節生 2016 「出土木製品保存処理の省コスト化・省エネルギー化に向けた研究（その３）－トレハロース含浸処理法における含浸手法の検討－」 日本文化財科学会第33回大会研究発表要旨集 pp.248-249

伊藤幸司・藤田浩明・北村良輔・今津節生 2017 「出土木製品保存処理の省コスト・省エネルギー化に向けた研究（その４）－太陽熱集熱含浸処理装置の製作と稼動－」 日本文化財科学会第34回大会研究発表要旨集 pp.206-207

伊藤幸司・藤田浩明・三宅章子・小林啓 2018 「出土木製品保存処理の省コスト・省エネルギー化に向けた研究(その５) －太陽熱集熱含浸処理装置と含浸処理液再生装置の効果－」 日本文化財科学会第35回大会研究発表要旨集 pp.294-295

Setsuo IMAZU, Andras Morgos, Koji Ito, Tetsuro AIZAWA and Istvan SAJO 2016 “A Post-treatment assessment of wood-iron composites from the remains of the Mongol fleet from 1281” Proceedings of the 13th ICOM-CC Group on Wet Organic Archaeological Materials Conference Florence 2016 pp.242-248

Koji Ito, Hiroaki FUJITA, Setsuo IMAZU and Andras MORGOS 2016 “Saving resource by using a hybrid heating system and recycling trehalose impregnation solution by hollow membrane filters and reusing” Proceedings of the 13th ICOM-CC Group on Wet Organic Archaeological Materials Conference Florence 2016 pp.311-314

Koji ITO, Toshiya MATSUI, Akiko MIYAKE, Setsuo IMAZU 2019（未刊行）“The Conservation Treatment of Wood-Iron Composite Objects Excavated from Undersea Using the Trehalose Method-Study on stabilization of iron after conservation treatment”

Proceedings of the 14th ICOM-CC Group on Wet Organic Archaeological Materials Conference Portsmouth 2019
松井敏也･周怡杉･伊藤幸司 2019「鷹島神崎遺跡出土処理木材に生じる鉄製品の腐食」日本文化財科学会第 36 回大会研究発表要旨集 pp.28-29
伊藤幸司･松井敏也･三宅章子･今津節生 2019「トレハロース含浸処理法の展開(その 3)-鉄製遺物保存に向けた試行」日本文化財科学会第 36 回大会研究発表要旨集 pp.156-157

引用文献

沢田正昭･黒崎直 1974 「古照遺跡 発掘調査報告書 Ⅷ 出土木材の保存科学的処理」 松山市文化財調査報告Ⅳ pp.89-91
今津節生 1993 「糖アルコールを用いた水浸出土木製品の保存（I）糖類含浸法とPEG 含浸法の比較研究」考古学と自然科学 28 pp.77-95
Setsuo IMAZU , Andras MORGOS 2001 “An Improvement on the Lactitol Conservation Method Used for the Conservation of Archaeological Waterlogged Wood. （The Conservation Method Using a Lactitol and Trehalose Mixture)” Proceedings of the 8th ICOM-CC Group on Wet Organic Archaeological Materials Conference Stockholm 2001 pp.413-428
松井敏也 2009 『考古学研究調査ハンドブック③ 出土鉄製品の保存と対応』 同成社
川口恵子編 2011 『トレハブック トレハを知り、和菓子を創る』 株式会社林原商事
亀田のぞみ･岡田文男 2014 「トレハロース含浸処理後木材の走査型電子顕微鏡観察」日本文化財科学会第 31 回大会研究発表要旨集 pp.318-319
川井清司 2014「糖質の結晶化とガラス化」日本結晶成長学会誌 Vol.41, No.4
姫井佐恵･川口恵子･高倉幸子･横山せつ子 2014『TREHA BOOK トレハを知り、糖を知る－洋菓子編－』 株式会社林原

参考文献

今津節生 1995 「糖アルコール含浸法による出土木材の保存」第 17 回古文化財科学研究会大会講演要旨集 pp.8-9

今津節生 1996 「糖アルコール含浸法による保存処理の実例」第 18 回文化財保存修復学会講演会大会講演要旨集 pp.2-3

今津節生·福原幸一 1999 「大型木製品の野外含浸処理」日本文化財科学会 第 16 回大会 研究発表要旨集 pp.26-27

今津節生 1999 出土木製品の保存科学的研究 奈良県立橿原考古学研究所

今津節生 2000 「糖の混合による糖アルコール含浸法の改良」日本文化財科学会第 17 回大会研究発表要旨集 pp.42-43

橋本輝彦·後藤浩之·今津節生 2001 「糖アルコール含浸法による木製埴輪の保存処理」日本文化財科学会第 18 回大会 研究発表要旨集 pp.182-183

甚田真友子·岡田文男 2001 「糖アルコール含浸法で用いられる薬剤の配合比と凝固後の性質について」日本文化財科学会第 18 回大会研究発表要旨集 pp.186-187

今津節生 2003 「糖アルコール含浸法による水浸出土木材の保存」沢田正昭編 遺物の保存と調査 クバプロ pp.61-73

西口裕泰·平井孝憲 2004 「糖アルコール含浸法による漆製品の処理 (2)」日本文化財科学会第 21 回大会研究発表要旨集 pp.162-163

深瀬亜紀·金原正明·木寺きみ子·金原正子 2004 「糖アルコール含浸法の漆椀·種実類等への適用」日本文化財科学会第 21 回大会研究発表要旨集 pp.164-165

張金萍·今津節生 2004 「中国江蘇省·泗水王陵発見の水浸出土遺物の現状と保存」文化財保存修復学会第 26 回大会研究発表要旨集 pp.74-75

今津節生 2004 「糖アルコールを使った水浸出土木材の保存－安全で経済的 環境にやさしい保存法－」月刊文化財 487 文化庁文化財部監修 pp.30-33

張金萍·今津節生 2005 「中国江蘇省·泗水王陵木質文化財の保存 2」文化財保存修復学会第 27 回大会研究発表要旨集 pp.26-27

張金萍·今津節生·三輪嘉六 2006「中国江蘇省·泗水王陵発見水浸出土木材の保存 3」文化財保存修復学会第 28 回大会研究発表要旨集 pp.50-51

金原正子·木寺きみ子·金原正明 2007 「糖アルコール法における木材および植物

遺体保存処理の基礎的研究」日本文化財科学会第 24 回大会研究発表要旨集 pp.260-261

張金萍·陳瀟俐·周健林·Andras Morgos·今津節生 2008 「中国江蘇省·泗水王陵発見水浸出土遺物の保存 5」文化財保存修復学会第 30 回大会講演要旨集 文化財保存修復学会 pp.56-57

Andras Morgos, Setsuo Imazu, Koji Ito 2008 “A summary and evaluation of 15 years research, practice and experience with lactitol methods developed for the conservation of waterlogged, degraded archaeological wood” 15th ICOM-CC New Delhi 2008 pp.1074-1081

今津節生 2009 水浸木製文物の保存科学的研究 九州国立博物館

田上勇一郎·西澤千絵里·今津節生 2011 「トレハロース含浸法における結晶化と乾燥法の検討」日本文化財科学会第 28 回大会研究発表要旨集 pp.286-287

小林啓·渡邉淑恵 2012 「トレハロース含浸法による出土木製品の保存処理－東北諸機関における事例報告－」日本文化財科学会第 29 回大会研究発表要旨集 pp.284-285

中村晋也·関晃史 2014 「トレハロースを使用した真空凍結乾燥法による出土木材の保存処理研究」日本文化財科学会第 31 回大会研究発表要旨集 pp.88-89

合澤哲郎 2014 「鷹島海底遺跡出土木製品へのトレハロース含浸処理事例報告」日本文化財科学会第 31 回大会研究発表要旨集 pp.328-329

川井清司 2016 「ガラスおよびラバー食品におけるガラス転移温度の役割」低温生物工学会誌〔Cryobiology and Cryotechnology〕Vol.62,No.1 pp.25-29

謝 辞

我が国における糖類含浸法の先駆者で、私に当該研究に参加するきっかけを与え、以来長きに渡って諦めることなく背中を押し続け御指導くださっている奈良大学教授 今津節生先生に心から感謝の意を表します。30年来の友であり「トレハロース法の鉄への適応」という新たなテーマに向かって研究を共に推し進めてくださっている筑波大学教授 松井敏也先生に深く感謝いたします。文化財科学全般について的確な御助言御指導を賜った奈良文化財研究所副所長 高妻洋成先生、トレハロースの研究者として当研究を支えてくださっている株式会社林原 三宅章子氏、ラクチトール法からトレハロース法に至る現在まで共に研究を推し進めてくださっている大阪市文化財協会 藤田浩明、九州歴史資料館 小林啓の両氏、海外での発表・技術移転の活動に御尽力いただいた太田泉穂、メンドバザル オユントルガ、辛長河、Andras Morgos、Robert Condon の諸氏、そして御協力いただいた皆様、諸機関の方々に記して感謝の意を表します。

赤田昌倫、安部まり、新井成之、池上庄治、石川優生、伊藤祥子、片多雅樹、金原正子、金原美奈子、川井清司、北村良輔、國武博文、小関宏明、澤田正明、谷口愼、東郷加奈子、立石翔大、西口裕泰、畑山静夫、前川泰司、松浦弘介、松浦徳介、山下洋（敬称略）

トレハロース含浸処理法研究会会員の皆様

一般財団法人大阪市文化財協会、九州国立博物館、九州歴史資料館、株式会社寺田鉄工所、富山県埋蔵文化財センター、株式会社林原、松浦市教育委員会

トレハロース法の研究は次の研究助成によって推進することができました。記して感謝いたします。

・平成24年度 福武学術文化振興財団研究助成「出土水浸木製文化財へのトレハロース含浸処理法の実用化と普及」

・平成24～26年度 科学研究費助成事業基盤研究（C） 研究課題番

号 24501262「トレハロース含浸処理法の開発と実用化 - より環境にやさしく経済的な方法へ - 」
・平成 27〜29 年度 科学研究費助成事業基盤研究（B） 研究課題番号 15H02952 「トレハロース法による海底遺跡出土文化財の保存処理研究 - 自然エネルギー利用に向けて - 」
・平成 30〜令和 2 年度 科学研究費助成事業基盤研究（B） 研究課題番号 18H00759 「元寇沈船保存処理の研究 - トレハロース含浸処理の実施と錆化抑止効果の究明 」

最後に、全くの門外漢であった私を文化財保存科学の世界に受け入れ、長きに渡って御指導くださった元奈良国立文化財研究所 澤田正昭先生、同 肥塚隆保先生、かつての上司であり最大の理解者でもあった元大阪市文化財協会 永島暉臣慎氏、そして私に大きな転機を与えて下さった内田浩子先生に深く感謝いたします。

2020 年 5 月

伊藤幸司

Summary

Study and practice of cultural property conservation using trehalose

- Process leading and prospect of Sugar impregnation method-

Kouji Ito

In this paper, in order to clarify the effectiveness of trehalose impregnation method (hereafter, "trehalose method"), first, an outline of preceding sugar alcohol method (hereafter, "lactitol method") is described, and both methods describe the research results. The trehalose method is a basic method to solidify the target objects by crystallization, development to the possibility of low concentration impregnation, utilization of amorphous state, etc., and a solar heat collecting and impregnating system using natural energy. I am researching and utilizing the characteristics of trehalose, which is the main agent, such as recycling of waste liquid, impregnation by dripping, and the effect of preventing corrosion to iron currently in progress, and I am trying to put it into practical use. The results are summarized in this paper.

1. Introduction

I surveyed the state and conditions of diverse waterlogged organic objects excavated in different regions of climatic climate, and touched on the current status and issues of the conservation treatment that surrounds. As an introduction to the development and application of sugar impregnation methods, I will start with an overview of the shift from the best researched and implemented polyethylene glycol method (hereafter the PEG method) to the lactitol method.

2. Lactitol Method

An overview of the most studied and implemented PEG method in the world and the problems to be solved were clarified. Around 1990, I described the reason why I chose the sugar impregnation method in order to solve the problem of "long treatment period required by PEG method" which Osaka City Cultural Properties Association was facing.

I described the crystallization and hygroscopicity of lactitol, the main ingredient in the lactitol method, along with its basic conservation method and problems. Additionally, I introduced the experiments conducted to improve the effectiveness of the lactitol method and I mentioned in particular the formation of trihydrate crystals that caused a lot of problems.

3. Establishment of the Trehalose Method

It was trehalose that was first examined as a main agent in sugar impregnation method by Dr.Imazu Setsuo. However, trehalose at that time had only to extract naturally occurring ones, and was a rare sugar such as 1 kg of several tens of thousands of yen. Therefore, the use for cultural properties was postponed and replaced with lactitol. Around 1995, succeeded in artificially producing trehalose, and the price dropped to about one hundredth. Around 2008, as the supply of lactitol became unstable I attempted to switch to trehalose as the main agent.

Trehalose is a non-reducing carbohydrate consisting of two glucose bonds, and is a disaccharide, with a molecular weight of 342. It forms dihydrate crystals and has a melting point of 97° C.　It also does not absorb moisture below 95% RH, and is highly resistant to acid and heat. These characteristics make their use in the field of conservation science effective.

The product used in the trehalose method is TREHA.　We will clarify the difference between TREHA and trehalose. Additionally, a Brix meter (sugar content meter) is often used to measure the concentration of sugar in an aqueous solution, and in particular, can obtain the measurement in a short time. It has been used for concentration control in the impregnation treatment of civil engineering products. Refractometers measure the refractive index of solids in a solution, and display the value converted to the concentration of sucrose with the same refractive index.

The solidified material obtained from an aqueous solution of trehalose can be divided into two states: crystalline and amorphous. Furthermore, the crystals produced are divided into dihydrate and anhydride crystals, and amorphous crystals are divided into amorphous glass and amorphous rubber. The conditions under which these solidified materials are obtained from the aqueous solution and the respective transition conditions are outlined in the flow chart from the aqueous solution to the dihydrate crystals.

Its superiority was outlined in comparison with lactitol. I compared the post-treatment display environment and the storage environment tolerance based on the specific humidity of trehalose dihydrate crystals and lactitol monohydrate crystals. Additionally, the superiority of the conservation treatment in terms of the speed of crystallization and the formation of stable crystals are described.

In the initial two experiments, I examined the suppression of deformation in the target object, and focused on the amount of solid content impregnated in order to support it. The positive effect of trehalose, which is frequently used in other fields, has now also been obtained for in the field of cultural property. In addition, it is important to air dry in order to sufficiently bring out the characteristics.

4. Trehalose method - basic information

When researching the trehalose method and adopting it for actual conservation treatment, it was clarified that it was a method different from the concept of the conventional method.

When employing the trehalose method it is important to understand its aqueous solution, saturation and supersaturation states, and distinguish the difference between these 5 key words: crystal, amorphous, solid matter, solidified matter and solidification. The five keywords were used to explain the effects obtained by the trehalose method, in other words, the effects to be obtained.

There are three methods for achieving solidification of trehalose from an aqueous trehalose solution: "heating method", "cooling method" and "normal temperature method". These are all basic methods for supersaturating an aqueous solution of trehalose. And, in any case, air drying after impregnation is important. By carrying out conservation treatment selecting or combining these three methods, based on the five keywords described above, it is possible to cope with a wide range of objects and conditions.

5. Application of the trehalose method

Once you have a thorough understanding of trehalose's properties and basic conservation methods, a deeper understanding of trehalose's characteristics was required in apply it to a wider range of conditions.

The condition of the target material may limit the temperature to which it can withstand, which limits the final concentration of trehalose aqueous solution use for impregnation. In this section we introduce a method to approach high concentration impregnation by performing a two-stage operation, using lacquerware goods excavated from an Osaka Castle site.

Trehalose glass is more stable than other disaccharides because of its high glass transition temperature. However, the main purpose is for use in food, so it is assumed that it will be consumption over a short time. Trehalose glass becomes trehalose rubber through the absorption of moisture, and eventually stabilizes as dihydrate crystals. Although this transition itself is not a problem, there was a concern about whitening when applied to cultural properties. The study of the transition conditions and processes from trehalose glass to dihydrate crystals has revealed that trehalose glass exhibits a characteristic hygroscopic behaviour, and a desirable storage environment has also been identified. Three examples are introduced as methods of using trehalose glass.

6. Development of the trehalose method

In recent years, as the field of underwater archaeology has spread and investigations on the seabed have progressed, sunken vessels are increasingly being found. The Vasa and Mary Rose are well known as examples of vessels that have been raised from the seabed and undergone conservation treatment. Current conservation treatment is time consuming, costly and the condition of the material after treatment is not ideal. I am conducting the following research to alleviate and solve these problems by using trehalose.

In order to reduce the use of electrical energy as much as possible, I designed and manufactured a solar heat collection and impregnation treatment device which was set up and tested at the Takashima Buried Cultural Property Center in Matsuura City, Nagasaki Prefecture. At the same time, in order to avoid the production of an expensive, large-scale impregnation treatment tank, I am studying an impregnation using a drip method. Also, focusing on the excellent acid and heat resistance of trehalose, the blackened, used trehalose aqueous solution was filtered through a hollow fiber membrane to extract a reusable solution.

There have been no post-treatment problems associated with wood-iron composite materials conserved with either the lactitol or trehalose methods. There are several possible reasons for this; I believe it is their interaction that results in this effect. The author focused on the fact that saccharides are non-electrolytes, and conducted experiments to confirm the inhibitory effect of trehalose on iron corrosion.

7. Conclusion

Even though the effectiveness of the lactitol method has been demonstrated in actual conservation treatment, the scientific basis for its use is considered insufficient and its evaluation is low. Conversely, the adoption of trehalose, which has been the basis of interdisciplinary research, has enabled to benefit from knowledge gained from prior research. Even in our specialised field of cultural property conservation, I have been able to accumulate scientific data supporting its effectiveness. Based on the current situation in the use of the trehalose method I expect the trend to continue.

■著者略歴

伊藤幸司（いとう・こうじ）

1961年　名古屋市生れ
1984年　大阪芸術大学芸術学部工芸学科金工卒業
1986年　大阪芸術大学芸術学部専攻科金工修了
1988年　財団法人大阪市文化財協会嘱託技術員（保存科学）
1991年　財団法人大阪市文化財協会調査員（保存科学）
2020年　奈良大学大学院 学位（論文博士）取得
現　在　一般財団法人大阪市文化財協会保存科学室長
　大阪芸術大学非常勤講師
　トレハロース含浸処理法研究会主宰

〈主要論文・業績〉

「ラクチトールからトレハロースへ－糖類含浸法の新展開－」（共著）『考古学と自然科学』65号、2013年。「糖類を用いた水浸木製文化財の保存技術」『冷凍』第90巻第1054号、2015年。「保存処理の動向と展望 木質遺物」『考古学と自然科学』71号、2016年。「トレハロースで赤い布を赤いままに－文化財保存の展開と可能性－」『第21回トレハロースシンポジウム記録集』2017年。日本文化財科学会、WOAM、東アジア文化遺産保存学会などで研究発表多数。

トレハロースを用いた文化財保存の研究と実践
― 糖類含浸処理法開発の経緯と展望 ―

2020年6月15日　初版発行
2021年5月 1日　2刷発行

著者　伊藤　幸司

発行所　株式会社　三恵社
〒462-0056 愛知県名古屋市北区中丸町2-24-1
TEL 052 (915) 5211
FAX 052 (915) 5019
URL http://www.sankeisha.com

乱丁・落丁の場合はお取替えいたします。

ISBN978-4-86693-248-4